SAMMLUNG GÖSCHEN BAND 875

Geschichte der Mathematik

Von

Dr. Joseph Ehrenfried Hofmann
Honorarprofessor an der Universität Tübingen

Zweiter Teil

Von Fermat und Descartes bis zur Erfindung des Calculus und bis zum Ausbau der neuen Methoden

Walter de Gruyter & Co.
vormals G. J. Göschen'sche Verlagshandlung · J. Guttentag, Verlagsbuchhandlung · Georg Reimer · Karl J. Trübner · Veit & Comp
BERLIN 1957

Die Gesamtdarstellung umfaßt folgende Bände:

I: Von den Anfängen bis zum Auftreten von Fermat und Descartes (Band 226)

II: Von Fermat und Descartes bis zur Erfindung des Calculus und bis zum Ausbau der neuen Methoden (Band 875)

III: Von den Auseinandersetzungen um den Calculus bis zur Französischen Revolution (Band 882)

 — Archiv-Nr. 11 08 75. — Satz u. Druck: Mercedes-Druck, Berlin SW 61. — Printed in Germany

Inhaltsverzeichnis

VI. Abschnitt

Hochbarock (etwa 1625 bis 1665)

Nec minor est virtus, quam quaerere, parta tueri.
Ovid, Ars amandi lib. II, 13.

1. Descartes (1596—1650)

Im Gegensatz zu den vorausgegangenen Entwicklungsperioden, die durch das Nebeneinander zahlreicher talentvoller Einzelpersönlichkeiten innerhalb eines gleichartigen Milieus gekennzeichnet sind, wird das mathematische Hochbarock bestimmt durch das Auftreten einiger genialer Führernaturen, die in wenigen Jahrzehnten innerhalb der Wissenschaft einen völligen Auffassungswandel herbeiführen. Jetzt geht es nicht mehr um die Verbesserung praktisch anwendbarer Verfahren, sondern um die Aufrichtung eines umfassenden wissenschaftlichen Denkgebäudes, das nach dem Vorbild der Mathematik konstruiert werden soll. Um dies zu ermöglichen, muß zunächst das Mosaik unvermittelt nebeneinander stehender Gedanken umgeformt und zu einem von einheitlichen Tendenzen bestimmten und in sich geschlossenen System gemacht werden.

Schon für COPPERNICUS (1473—1543) handelt es sich um den Aufbau eines neuen astronomischen Systems, und zwar in Wiederbelebung und Umbildung antiker Vorstellungen. KEPLER (1571—1630) verläßt den Boden der Tradition und folgt an der entscheidenden Stelle der Intuition. Ausgangspunkt sind auf Grund metaphysischer Spekulationen wahrscheinlich gemachte Vermutungen, über deren Berechtigung in aller Strenge durch Vergleich mit Beobachtungstatsachen entschieden wird. Bei GALILEI (1564—1642) tritt der Kampf gegen die ARISTOTELischen Grundtendenzen der zeitgenössischen Physik in den Vordergrund. Ähnliche Gesichtspunkte begegnen uns bei R. DESCARTES (1596—1650), dem genialen Schöpfer des ersten neuzeitlichen Systems auf mathematischem Gebiet.

DESCARTES stammt aus altem normannischem Adel; sein Vater JOACHIM DESCARTES († 1640) war Rat am bretonischen Parlament in Rennes. Der schon nach der Geburt mutterlose zarte Knabe wird 1604/12 im neugegründeten Jesuiten-Kolleg La Flèche liebevoll betreut und erhält eine sorgfältige und umfassende wissenschaftliche Ausbildung, die im Mathematischen durch die Schulbücher von CLAVIUS (EUKLID-Ausgabe von 1574, *Praktische Geometrie* 1604, *Algebra* 1608) bestimmt wird. Als zweiter Sohn aus wohlhabender und angesehener Familie soll er sich für ein höheres Staatsamt oder ein militärisches Kommando vorbereiten. Er wird 1613 bei Hofe präsentiert, zieht sich jedoch bald von dem ihm nicht zusagenden gesellschaftlichen Leben zurück. Seit 1614 studiert er in Poitiers ohne innere Neigung die Rechte und wird dort 1616 zum *Baccalaureus* und *Licentiaten* promoviert. Als Kriegsfreiwilliger stößt er 1617 zum protestantischen Heer des vielgerühmten MORITZ von Nassau, des ersten Feldherrn seiner Zeit. Im Lager vor Breda befreundet er sich mit dem Mathematiker und Naturphilosophen I. BEECKMAN (1588—1637). Unter Herzog MAXIMILIAN I. von Bayern und BUCQUOY nimmt er 1619 am Zug gegen den Winterkönig FRIEDRICH V. von der Pfalz teil, kommt in Ulm mit dem geschickten Rechenmeister FAULHABER in Berührung und findet im Winterlager vor Neuburg a. D. einen Hauptgedanken seiner Philosophie. Aus dieser Zeit stammt die erste selbständige mathematische Entdeckung, der sog. EULERsche Polyedersatz $e + f = k + 2$.

Des Feldlagers überdrüssig, quittiert DESCARTES den Dienst kurz nach der Schlacht am Weißen Berg (8. XI. 1620) und der Einnahme Prags; er erweitert seine Welt- und Menschenkenntnis auf ausgedehnten Reisen durch Ungarn, Deutschland und Italien (1621/25). Wieder nach Paris zurückgekehrt, tritt er in nähere Beziehung zu MERSENNE (1588—1648), dessen wissenschaftliche Freunde mit sichtlichem Erfolg gegen die ARISTOTELische Naturphilosophie Stellung nehmen. In diesem Kreis findet DESCARTES lebhaftes Interesse für seine neuartigen Anschauungen, zieht sich jedoch 1628 nach kurzem Aufenthalt im Lager vor dem Hugenotten-Stützpunkt La Rochelle, wo er den Kriegsingenieur DESARGUES kennenlernt, in plötzlichem Entschluß nach den Niederlanden zurück. Dort arbeitet er in tiefer Einsamkeit an der Ausgestaltung seines Systems und bleibt mit der Pariser Gelehrtenwelt nur über MERSENNE in Verbindung. Er reist 1631 für einige Zeit nach England, 1634 nach Dänemark, tritt (seit 1643) in philosophischen Briefwechsel mit der Prinzessin ELISABETH (einer Tochter des Winterkönigs) und kommt ihretwegen 1644, 1646 und 1648 nach Paris. Seit 1644 kennt er CHANUT, den französischen Gesandten in Stockholm, der 1647 die Korrespondenz mit der Königin CHRISTINE von Schweden vermittelt. DESCARTES folgt 1649 einer Einladung der Königin, die in seine Philosophie eingeführt werden möchte und die Gründung einer Akademie der Wissenschaften beabsichtigt, stirbt jedoch vor Ausführung dieses Planes. Sein Nachlaß wird durch CHANUT nach Frankreich gebracht, erleidet jedoch bei einem Schiffbruch Schaden. Das Meiste der geretteten Papiere kommt (seit 1657) dank der Bemühungen CLERSELIERS an die Öffentlichkeit.

Unter dem Einfluß von RAMÉE und MONTAIGNE entwindet sich DESCARTES der traditionellen Naturphilosophie, die seiner Ansicht nach unfruchtbar bleiben muß, weil sie sich in unorganische Aufzählungen, inhaltsleere Klassifizierungen und unzutreffende Deutungen verliert. Sein Ziel ist eine Forschungsmethode, die durch Aufstellung dem Gegenstand wirklich angemessener Schlußreihen vom Komplizierten zum Einfachen und von Vermutungen zu Klarheit und Gewißheit führt. Vorbild für DESCARTES ist eine streng systematisch aufgebaute Mathematik; er erhofft sich jedoch weder von der Suche nach den verborgenen Methoden der Alten noch von der Wiederherstellung ihrer nur andeutungsweise bekannten Schriften Wesentliches, sondern allein von schärferer Begriffsbestimmung und möglichst allgemeinen Bezeichnungs- und Schlußweisen. Hauptziel ist die von VIÈTE begonnene, jedoch noch nicht voll durchgeführte Vereinigung der Geometrie mit der Algebra. Die anzuwendende Fachsprache soll einfach, klar und deutlich, die Bezeichnungsweise einheitlich, einprägsam und umfassend sein. Deshalb wird die bei VIÈTE und seinen Nachfolgern auftretende Mischung von ausgeschriebenen Worten, Abbreviaturen und Symbolen durch eine reine Symbolik ersetzt, die so sorgfältig durchdacht ist, daß sie sich bis zur Gegenwart fast unverändert halten konnte.

Schon vor 1628 weist DESCARTES der Mathematik alles zu, was Ordnung und Maß hat. In der *Géométrie* von 1637 faßt er nach Einführung einer Einheitsstrecke jede Strecke als Zahl auf (Arithmetisierung der

Geometrie), kann also unter Durchbrechung des bis dahin aus geometrischen Gründen für unantastbar angesehenen Homogenitätsprinzips die Summe, die Differenz, das Produkt und den Quotienten zweier Strecken stets wieder als Strecke ausdrücken und folglich auch jede aus einer endlichen Anzahl von Einzelschritten bestehende Kombination dieser vier Grundoperationen. Der Zahlbegriff, ursprünglich auf natürliche Zahlen beschränkt und nur in mühsamen Einzelschritten auf Brüche, negative Zahlen und einfache Irrationalitäten ausgedehnt, umfaßt nunmehr den vollen Bereich der algebraischen Zahlen. Demgemäß rechnet DESCARTES die auf rein algebraischem Wege beherrschbaren Probleme (die sog. geometrischen) zur Präzisionsmathematik, alle andern (die sog. mechanischen) zur Approximationsmathematik, die er nicht mehr zur reinen Mathematik zählt.

DESCARTES weiß, daß alle geometrischen Aufgaben linearen und quadratischen Charakters mit Zirkel und Lineal konstruiert werden können, und faßt sie als ebene Probleme (Bezeichnung nach APOLLONIOS) zusammen. Aufgaben 3. und 4. Grades nennt er mit den COSSISTEN körperlich; er löst sie (1628/29) graphisch mittels einer einzigen gezeichneten Parabel, die er mit einem aus ebenen Konstruktionen bestimmbaren Kreis schneidet. Die Methode FERRARIS (s. I, S. 104) zur Auflösung der Gleichung 4. Grades $x^4 + px^2 + qx + r = 0$ wird mittels $2t - p = y^2$ umgeformt: nach Auflösung der Hilfsgleichung $y^6 + 2py^4 + (p^2 - 4r)y^2 - q^2 = 0$ ergibt sich x aus $x^2 \mp xy + y^2 + p/2 \pm q/2y = 0$. DESCARTES teilt seiner Gewohnheit nach nur das Rechenrezept mit; die Zeitgenossen verifizieren es nach großer Mühe (DEBEAUNE, Druck 1649; SCHOOTEN, Druck 1659).

Gleichungen höheren Grades denkt sich DESCARTES graphisch mittels algebraischer Kurven gelöst, die er schrittweise aus linearen Bewegungsmechanismen erzeugt. Er sieht (unzweckmäßigerweise) Gleichungen ($2n-1$)-ten und $2n$-ten Grades als Problemtypen des nämlichen n-ten *genre* an — vielleicht in der Hoffnung auf die algorithmische Auflösbarkeit höherer Gleichungen ähnlich wie bei der Behandlung körperlicher Probleme — und gibt auch Sätze über allgemeine Gleichungen n-ten Grades. Schon 1628 unterscheidet er wahre (= positive) und falsche (= negative) Lösungen; 1637 spricht er von Gleichungen n-ten Grades mit n reellen Lösungen und zieht die Möglichkeit imaginärer Lösungen in Betracht, läßt jedoch nicht deutlich erkennen, wie er sich zur wichtigsten Entdeckung GIRARDS (1629: s. I, S. 133), dem Fundamentalsatz der Algebra, stellt. Er weiß, daß jede ganzzahlige Lösung einer mit x^n beginnenden geordneten Gleichung, die nur ganzzahlige Koeffizienten besitzt, das absolute Glied teilt; ferner benutzt er die Teilbarkeit von $f(x) - f(x_0)$ durch $x - x_0$. Auf heuristischem Wege dürfte die Zeichenregel gefunden worden sein: die Anzahl der positiven Gleichungslösungen ist höchstens gleich der Anzahl der Zeichenwechsel, die der negativen höchstens gleich der Anzahl der Zeichenfolgen (strenger Beweis von GAUSS, 1828).

Diese algebraischen Bestandteile der *Géométrie* sind organisch mit weitreichenden geometrischen Ansätzen verknüpft.

Zunächst stellt DESCARTES fest, daß jedes algebraische Problem durch die Konstruktion gewisser Strecken gelöst werden kann. Dann untersucht er unbestimmte Fragestellungen, indem er mehrere

Unbekannte durch eine geringere Anzahl von Gleichungen verbindet. Als Erläuterungsbeispiel dient der *locus ad quattuor lineas* — ein von den Zeitgenossen als schwierig angesehenes Problem aus PAPPOS, auf das DESCARTES 1631 von GOOL hingewiesen worden war: gesucht ist der Ort jener Punkte P, aus denen in jeweils vorgeschriebenen Richtungen gegen die vier Geraden a, b, c, d hin die Strecken AP, BP, CP, DP so gezogen sind, daß $AP \cdot BP = CP \cdot DP$ ist. DESCARTES wählt auf a einen festen Anfangspunkt O und setzt $OA = x$, die schräg angesetzte „Applikate" $AP = y$. Dann drückt er BP, CP, DP mittels einer Ähnlichkeitsbetrachtung als lineare Funktionen von x und y aus, beseitigt das absolute Glied der entstehenden Gleichung durch zweckmäßige Wahl von O und erhält $y = p - mx + \sqrt{p^2 + qx + nx^2}$. Er konstruiert und diskutiert die entstehende Kurve, stellt die Art des Kegelschnittes aus den Koeffizienten fest und kennt auch das Geradenpaar bei aufgehender Wurzel. Anschließend werden kompliziertere „Örter zu mehreren Geraden" und bewegungsgeometrisch erzeugte Kurven untersucht, wobei die Bezugsstücke in möglichst zweckmäßiger spezieller Lage eingeführt sind. Gelegentlich werden negative Applikaten benutzt, niemals negative Abszissen.

DESCARTES löst das Normalenproblem an einer algebraischen Kurve unter Vermeidung infinitesimaler (also „approximativer") Betrachtungen wie folgt (Reinheit der algebraischen Methode): er stellt die Applikaten senkrecht zur Achse, wählt auf der Kurve den Punkt $P_0\,(x_0, y_0)$, auf der Achse den Punkt M $(t, 0)$ und schneidet den Kreis um M durch P_0 mit der Kurve nochmals in $P(x, y)$. Dann setzt er $y = x - t + \sqrt{(x_0 - t)^2 + y_0^2}$ in die Kurvengleichung ein und erhält eine Gleichung $f(x, t) = 0$ mit x als der Unbekannten, t als Parameter, die den Linearfaktor $x - x_0$ besitzt. Nun fordert DESCARTES, daß sich der Faktor $x - x_0$ nochmals abspalten läßt. So findet er t und daraus die Normale MP_0. Unter den Erläuterungsbeispielen befinden sich die Konchoiden $(x - c)^2 (x^2 + y^2) = a^2 x^2$ und die sog. DESCARTESschen Ovale; im Briefwechsel wird (seit 1637) die Tangente an das *folium Cartesii* $x^3 + y^3 = axy$ gefordert.

In Überschätzung des Geleisteten glaubt DESCARTES, durch seine Methode alle grundsätzlichen Fragen der Präzisionsmathematik beherrschbar gemacht zu haben, und sieht seine Normalen- und die daraus fließende Tangentenmethode als die einfachstmögliche an. Unzweifelhaft ist er zusammen mit FERMAT der Erfinder der Achsengeometrie — ob er etwas von der eigentümlichen symbolischen Methode des NIKOLAUS Oresme (s. I, S. 80) wußte, steht dahin. Ungerechtfertigt ist es jedoch, DESCARTES als den Erfinder der heutigen analytischen Geometrie zu bezeichnen, deren Kerngedanken erst dem beginnenden 19. Jh. angehören. Er ist der bedeutendste Wegbereiter dieser viel weitergehenden Methode. Seine Hauptleistung ist das grandiose algebraische Gebäude der Präzisionsmathematik. Es fehlt ihm jedoch der Blick für die tiefere Bedeutung transzendenter Fragen, obwohl er einige davon in Sonderfällen sehr wohl zu lösen wußte.

Schon 1628 findet DESCARTES im Zusammenhang mit der Entdeckung des Brechungsgesetzes die nach ihm benannten Ovale mit der Gleichung $k_1 r_1 + k_2 r_2 = c$ in bipolaren Koordinaten: sie lösen das Problem, die Trennfläche zwischen zwei homogenen optischen Medien so zu bestimmen, daß die von einer punktförmigen Lichtquelle im einen Medium ausgehenden Strahlen im zweiten Medium punktförmig wiedervereinigt werden. Bei Untersuchung des freien Falles (1629) kommt er (ähnlich wie GALILEI 1604), verführt durch figürliche Interpretation des Bewegungsvorganges, zu der unrichtigen Beziehung $v = gs$ (statt $v = gt$). Hier werden auch die Indivisibeln erwähnt, jedoch generell abgelehnt. 1637 übernimmt DESCARTES das ARISTOTELische Dogma von der Unvergleichbarkeit des Geradlinigen und Krummlinigen (s. I, S. 30) in der Fassung: keine algebraische Kurve kann algebraisch rektifiziert werden. Als Gegenbeispiel gibt er die algebraisch ausführbare Rektifikation einer transzendenten Kurve, nämlich der logarithmischen Spirale, die er als Isogonaltrajektorie der Strahlen durch einen Punkt erklärt (1638). Aus welcher Zeit die nachgelassene umfangsgleiche „Ausrundung" eines gegebenen Quadrates durch schrittweisen Übergang zum regelmäßigen 8-Eck, 16-Eck, ... stammt, ist unsicher; ungeklärt ist auch, in wie weit sie durch ähnliche Versuche des NIKOLAUS VON CUES (s. I, S. 97/98) angeregt sein könnte.

DESCARTES kennt ferner die Normalenkonstruktion an der Zykloide aus dem Momentanpol und deutet an, wie man sich das Abrollen zweier Kurven aufeinander unter Benutzung gleichseitiger Sehnenzüge veranschaulichen kann (1638). Bei dieser Gelegenheit wird die Quadratur der Zykloide auf Grund der Schnittgleichheit gleichhoher Figuren erwähnt (CAVALIERIS Prinzip: s. I, S. 147). Kurz zuvor teilt DESCARTES beweislos einige „schon aus den Ergebnissen klargestellte" Quadraturen, Kubaturen und Schwerpunktbestimmungen an ebenen parabolischen Flächen und ihren Drehkörpern mit, ohne zu sagen, wie er zu seinen Ergebnissen gekommen ist. Er weiß die von DEBEAUNE vollzogene Quadratur der Kurven mit der Tangenteneigenschaft $\frac{dy}{dx} = \frac{x-y}{a}$ (1638) richtig zu würdigen und findet die gemeinsame Asymptote $y = x - a$, versagt aber bei dem Versuch, die Kurven selbst zu finden (1639).

Trotz der ungewohnten Allgemeinheit und absichtlich dunklen Ausdrucksweise erregt die *Géométrie*, das einzige mathematische Werk des großen Philosophen, sogleich Aufsehen und wird mit Interesse studiert. Seit 1638 laufen Abschriften einer Erläuterung unbekannten Verfassers bei den Freunden um, seit 1639 die *Notae breves* (Druck 1649) des Rechtsgelehrten FL. DEBEAUNE (1601—1652), worin die einfacheren Einzelheiten der *Géométrie* in schulgerechter Form erwiesen sind.

In weitere Kreise dringt die DESCARTESsche Mathematik erst mit dem Auftreten von FR. VAN SCHOOTEN (1615—1660) ein, der als Sohn und Nachfolger eines angesehenen Leidener Universitätslehrers eine vorzügliche Fachausbildung empfangen hatte.

SCHOOTEN steht seit 1635 mit DESCARTES in persönlicher Verbindung. Während einer Studienreise nach Frankreich, Irland und England (1641/43) lernt er die maßgeblichen Mathematiker an den Universitäten dieser Länder und ihre neuesten Arbeiten kennen und verschafft sich Abschriften umlaufender mathematischer Manuskripte (z. B. in Paris von Abhandlungen FERMATS).

Seit 1645 führt SCHOOTEN zahlreiche junge Niederländer, die an mathematischen Studien interessiert sind, in Privatunterweisung in eine Auswahl aus den klassischen Werken der antiken Mathematiker, vor allem aber in die Methoden der *Géométrie* ein. Er gibt 1646 eine umfangreiche Sammlung bis dahin kaum bekannt gewordener VIÈTEscher Schriften heraus und ersetzt gelegentlich die schwerfällige Originalschreibweise durch Übergang zur DESCARTESschen Symbolik. Die seit 1646 gehaltenen öffentlichen Einführungsvorlesungen in die *Géométrie* erscheinen 1651 nach einer von BERTHELSEN ausgearbeiteten Nachschrift. 1649 kommt die von DESCARTES durchgesehene lateinische Übersetzung der *Géométrie* aus SCHOOTENS Feder heraus, gefolgt von eingehenden Kommentaren und den *Notae breves* DEBEAUNES. In die *Exercitationes mathematicae* (1657, niederl. 1660) nimmt SCHOOTEN auch die wichtigsten Einzelergebnisse seiner Schüler auf. Die große zweibändige Neuausgabe der *Geometria* (1659, 1661) enthält zusätzlich DEBEAUNES Studien zur Gleichungslehre, HUDDES vorzügliche Arbeiten über die Extremwertmethode und die Bestimmung von Wurzelschranken, DE WITTS ansprechende Kegelschnittlehre auf Grund instrumentaler Erzeugungsweisen und zahlreiche kleinere Zusätze und Verbesserungen zu den Texterläuterungen, an denen auch HUYGENS beteiligt ist.

Dieses in starker Auflage erschienene und später erfolgreich wiederaufgelegte Werk enthält alles, was man von nun ab als unerläßliche Voraussetzung für Interessenten an der neueren Mathematik und der mit ihr zusammenhängenden Physik ansieht; es verdrängt die ältere Fachliteratur und bildet die gemeinsame Grundlage für die Weiterentwicklung der mathematischen Wissenschaften im Spätbarock. Allerdings steht nun nicht mehr das Prinzipielle, das für DESCARTES allein wichtig gewesen war, im Vordergrund der Betrachtungsweise, sondern der operative Gesichtspunkt und die geschickte Behandlung zahlreicher Einzelbeispiele. Vor allem diesem Wechsel der Auffassung verdankt das Werk seinen großen Erfolg, während die verkürzte niederländische Bearbeitung von G. KINCKHUYSEN (1660/63) weniger Anklang findet. Mit dem Tod SCHOOTENs zerfällt die niederländische Schule. Die unbedeutenden Nachfolger bleiben im Formalen stecken, das Interesse der nachfolgenden Generation gehört den aussichtsreicheren Infinitesimalmethoden. Die schwierigen algebraischen Grundprobleme (Fundamentalsatz, Art der Gleichungslösungen) werden erst zu Beginn des 19. Jh. unter neuen Gesichtspunkten wieder vorgenommen.

2. Erste Erfolge auf infinitesimalem Gebiet (1629—1647)

Die ersten tiefergreifenden Einsichten auf infinitesimalem Gebiet sind den fast gleichzeitigen Studien von FERMAT, ROBERVAL und TORRICELLI zu verdanken. FERMAT insbesondere stößt zu umfassenden Allgemeinmethoden vor, die jedoch von den Zeitgenossen nicht richtig gewürdigt werden.

Der Südfranzose, P. DE FERMAT (1601—1665) aus achtbarer bürgerlicher Familie erwirbt sich in der von Franziskanern betreuten höheren Schule seines Heimatstädtchens Beaumont de Lomagne umfassende sprachliche und literarische Kenntnisse, studiert in Toulouse die Rechte und wird zunächst Anwalt, dann 1631 Mitglied des Gerichtshofes, dem er seit 1634 als Rat angehört. Über FERMATs mathematische Ergebnisse sind wir aus dem teilweise erhaltenen Briefwechsel, über einige seiner Methoden aus kleineren

Abhandlungen unterrichtet, von denen nur wenige zu Lebzeiten des Verfassers, die meisten erst 1679 in unzureichender Form zum Druck gekommen sind, jedoch großenteils schon früher aus umlaufenden Abschriften inhaltlich bekannt waren. FERMAT hat kein zusammenhängendes Werk hinterlassen. Der Vielbeschäftigte liebte es, seine Einfälle auf später achtlos beiseite gelegten Zetteln oder in Form von Randnoten in benutzten Büchern zu notieren; die berühmten Marginalien in seinem Handstück der BACHETschen DIOPHANT-Ausgabe (1621) sind der Zweitausgabe von 1670 beigegeben.

FERMAT will die aus der Antike übernommenen mathematischen Methoden mit jenen der Zeitgenossen vereinigen und ein Höchstmaß an Strenge und Allgemeinheit erzielen. Vor 1629 ermittelt er $\int_0^1 t^p\,dt$ (p ganz und positiv) als Flächenquadratur durch Grenzübergang mit $n \to \infty$ aus den Rekursionsformeln $2\sum_{k=1}^{n} k = n(n+1)$, $3\sum_{k=1}^{n} k(k+1) = n(n+1)(n+2)$ usw. (brieflich 1636). Von diesem Verfahren unbefriedigt, entdeckt er um 1629, daß sich die Fläche $\int_0^a y\,dx$ der Parabel $\frac{y}{b} = \left(\frac{x}{a}\right)^p$ allgemein durch Verschmelzen der EUKLIDischen Pyramidenbestimmung (s. I, S. 35) mit der geometrischen Parabelquadratur des ARCHIMEDES (s. I, S. 36) ermitteln läßt, indem man ein- und umbeschriebene Treppenfiguren konstruiert, zu deren Teilpunkten auf der X-Achse Abszissen in geometrischer Reihe gehören (Anfangsglied a, zweites Glied $t < a$; nach Inhaltsberechnung der ganzen unendlich vielgliedrigen Treppenfiguren

$t \to a$). Wenig später dehnt er das Verfahren auf die Parabeln $\left(\frac{y}{b}\right)^q = \left(\frac{x}{a}\right)^p$ (p, q ganz, teilerfremd und positiv) und auf die Spiralen $\left(\frac{r}{a}\right)^q = \left(\frac{r\varphi}{a\alpha}\right)^p$ und $\left(1 - \frac{r}{a}\right)^q = \left(\frac{r\varphi}{a\alpha}\right)^p$ aus (erwähnt in Schriften MERSENNEs 1637/44) und erweitert es auf die Hyperbeln $\left(\frac{x}{a}\right)^p \left(\frac{y}{b}\right)^q = 1$. Er weiß, daß bei dieser „logarithmischen" Einteilung der Grundlinien im Fall der Hyperbel $xy = ab$ vor dem Grenzübergang gleiche Flächen liegen. Seit 1636 tritt hierzu die Kubatur und Schwerpunktbestimmung an Drehkörpern mit parabolischem Meridianschnitt und die Ermittlung der bis ins Unendliche erstreckten Hyperbelflächen unter Verwendung uneigentlicher Integrale.

Aus PAPPOS VII (s. I, S. 46) stammt die Anregung zur Extremwertregel (1629): wird in $\frac{f(x+h) - f(x)}{h}$ der Koeffizient der niedrigsten vorhandenen Potenz von h gleich Null gesetzt, so ergibt sich ein Wert von x, für den $f(x)$ einen Extremwert annimmt (notwendige Bedingung). Die Regel war — das geht sowohl aus dem ursprünglichen Erläuterungsbeispiel (größte Rechteckfläche festen Umfanges) wie aus den späteren deutlich hervor — zunächst nur für Polynome gedacht, ist jedoch in ihrer wohldurchdachten Formulierung allgemein gültig, worauf FERMAT mit Betonung hinweist.

In späteren Fassungen (1643) ist vom Grenzübergang mit $h \to 0$ und vom Entscheid über die Art des Extrems aus dem Zeichen des Gliedes bei h^2 die Rede;

auftretende Irrationalitäten werden vermittels rationalisierender Substitutionen behandelt. Auf dieses Verfahren stützt FERMAT seine Tangentenmethode: er bestimmt die Subtangente t der Kurve $y = f(x)$ aus $\frac{t-h}{t} \approx \frac{f(x-h)}{f(x)}$ (ältestes Beispiel: Parabel $y^2 = 2px$). In origineller Weise wird die Schwerpunktabszisse ξ der zur Parabel $\left(\frac{y}{b}\right)^q = \left(\frac{x}{a}\right)^p$ gehörenden Fläche $\int_0^a y\,dx$ und die des entsprechenden Drehkörpers $\int_0^a y^2\pi\,dx$ ermittelt. Im Fall des Drehkörpers (ältestes Beispiel: $y^2 = 2px$) setzt FERMAT

$$\triangle\xi \cdot \int_0^{x-\triangle x} y^2\pi\,dx \approx (x-\xi) \cdot \int_{x-\triangle x}^{x} y^2\pi\,dx$$

und verwendet die Homogenitätsbedingung $\frac{\triangle\xi}{\xi} = \frac{dx}{x}$. Natürlich kennt er auch die gewöhnliche Formel zur Bestimmung von ξ.

Nach brieflichen Andeutungen (1636/43) bezog sich ein frühes (verschollenes) zahlentheoretisches Manuskript FERMATs auf die Summe Σa der Teiler einer Zahl a (einschließlich 1 und a). Es enthielt Regeln zur Behandlung zusammengesetzter Zahlen und Iterationsmethoden, wobei von gewissen konstruierten Größen nachgewiesen werden muß, daß sie Primzahlen sind. Mit ihrer Hilfe löst FERMAT $\Sigma a = 2a$ (vollkommene Zahlen) wie EUKLID (s. I, S. 34), ferner (gleich DESCARTES 1636) Sonderfälle der allgemeineren Gleichung $\Sigma a = \lambda a$ ($\lambda > 1$, rational). Das System $\Sigma a = \Sigma b = a + b$ (befreundete Zahlen) behandelt FERMAT wie ṮÂBIT (s. I, S. 54) aus $a = 2p_1p_2q$, $b = 2.p_3q$, indem er $q = 2^n$ so wählt, daß $p_1 =$

$= 3q - 1$, $p_2 = 6q - 1$, $p_3 = 18q^2 - 1$ Primzahlen werden.

Er bemerkt, daß $2^p - 1$ bestenfalls dann Primzahl wird, wenn p Primzahl ist, $2^m + 1$ bestenfalls dann, wenn $m = q$. Nach Zerlegung von $2^{37} - 1$ (Teiler 223) stellt er verallgemeinernd fest, daß $a^{p-1} - 1$ durch p teilbar ist (sog. kleiner FERMATscher Satz) und daß allenfalls vorhandene Primteiler von $a^p - 1$ die Form $2kp + 1$ haben. Irrtümlich vermutet er auf Grund einer unvollkommenen Induktion, daß $2^q + 1$ immer Primzahl ist (Gegenbeispiel EULERs von 1732: 641 teilt $2^{32} + 1$).

FERMAT erkennt im Zusatz des CAMPANUS zu EUKLID IX, 16, worin die Irrationalität der stetigen Teilung $x^2 + xy = y^2$ arithmetisch aus $x : y = (y - x) : x$ entnommen wird, das Musterbeispiel einer umfassenden Methode, seiner *descente infinie*: sie erweist die Lösbarkeit eines Problems unter Intervallverengung durch Rückgang auf kleinere Lösungen, ist wirksamer als ihre Umkehrung — die vollständige Induktion — und liegt schon den frühesten infinitesimalen Studien der Antike zugrunde. Nach vielen vergeblichen Versuchen bestätigt FERMAT auf diesem Wege die Behauptung GIRARDs (Druck 1634; s. I, S. 126), daß jede Primzahl der Form $4n + 1$ Summe von genau zwei Quadratzahlen ist [unter Benutzung der DIOPHANTischen Identität $(a^2 + b^2)(c^2 + d^2) = (ac \pm bd)^2 + (ad \mp bc)^2$ rekonstruiert]. Ähnlich stellt er die Primzahlen $8n \pm 1$ aus $2x^2 - y^2$, die Primzahlen $2(4n + 1) \pm 1$ aus $2x^2 \pm y^2$ und die Primzahlen $6n + 1$ aus $3x^2 + y^2$ dar, zerlegt außerdem $8n + 3$ in die Summe von drei, $8n + 7$ in die Summe von vier Quadraten, kennt die zugehörigen Zerlegungs- und Teilbarkeitsregeln und stellt jede ganze

Zahl als Summe von p p-eckzahlen dar (1638). Diese Sätze dienen ihm auch bei der Faktorzerlegung einer vorgegebenen Zahl aus $x^2 - y^2$, wobei er schrittweise Additionen verwendet.

Den Spuren DIOPHANTS folgend, beschäftigt sich FERMAT eingehend mit unbestimmten Aufgaben über ganzzahlige rechtwinklige Dreiecke mit den Seiten x, y, z, wobei $x^2 + y^2 = z^2$ ist. Er stellt fest, daß die Fläche $\triangle = \frac{xy}{2}$ weder $\square$ noch $2\square$ sein kann, gibt Regeln zur Bestimmung von Dreiecken gegebenen Verhältnisses, bildet Dreiecke gleicher Fläche und solche mit gegebener Kathetensumme oder -differenz in beliebiger Anzahl. Durch Iterationen, die dem Einzelproblem geschickt angepaßt sind, meistert er schwierigere Fälle, wie etwa (1643) $(x + y)^2 + \triangle = \square$ (z 7-stellig) oder $x + y = \square$, $z = \square$ (z 13-stellig). Durch *descente* hat er gefunden, daß die seit 1640 im Briefwechsel immer wiederkehrenden Aufgaben in ganzen Zahlen, deren keine Null ist, nicht lösbar sind: (1) $x^4 + y^4 = z^2$, (2) $x^3 + y^3 = z^3$, (3) $p^2 - q^2 = q^2 - r^2 = r^2 - s^2$. Die Behauptung, daß sogar $x^p + y^p = z^p$ ($p > 2$, ganz) unmöglich ist (sog. großer FERMATscher Satz), erscheint nur in den Randnoten zur DIOPHANT-Ausgabe.

Durch derartige Probleme erweist FERMAT zwar seine Überlegenheit über die mit Tabellen und heuristischen Ansätzen arbeitenden Konkurrenten, bleibt jedoch ohne den erhofften fördernden Gedankenaustausch mit einigermaßen ebenbürtigen Partnern. Der bedeutendste unter den zahlentheoretischen Korrespondenten ist der Zahlenkünstler B. FRENICLE (1605 bis 1675). Der Briefwechsel setzt 1640 ein mit einer Kontroverse über magische Quadrate, in deren Verlauf FERMAT Regeln zur Konstruktion solcher Quadrate gibt, die nach Wegnahme des einzelligen Randes magisch bleiben.

Schon 1629 hatte FERMAT das zweite Buch der *Loci plani* des APOLLONIOS (s. I, S. 40) auf Grund des Wortlautes der Sätze in PAPPOS VII wiederhergestellt. 1636 folgte das viel interessantere erste Buch, dessen erste *prop.* (Inversionsgeometrie des Kreises) FERMAT in acht Teilsätze auflöst. Ein wenig älter ist die Konstruktion der Parabel aus vier Punkten und der rein planimetrische Nachweis dafür, daß der Ort zu drei Geraden (vgl. S. 10) $AP \cdot BP = CP^2$ ein Kegelschnitt ist.

Bestrebt, den vollen Sinn der antiken Arbeiten über geometrische Örter zu erschließen, verfällt FERMAT gegen Ende 1636 ähnlich wie DESCARTES, von dessen Arbeiten er damals noch nichts wußte, auf die achsengeometrische Punktbestimmung in der Ebene unter häufiger Verwendung senkrechter Applikaten. Er gibt die Geraden durch den Ursprung in der Form $bx = ay$, deutet $ax + by = c$ als Gleichung einer allgemein liegenden Geraden und erweitert eine APPOLONische Ortsaufgabe, indem er $\Sigma\,(a_i x + b_i y + c_i) = d$ als Gerade erkennt. Außerdem konstruiert er eine der aus $ax^2 + bxy + cy^2 = 0$ bestimmten Geraden (im Fall $b^2 > 4\,ac$). Ferner deutet er $xy = a^2$ als gleichseitige Hyperbel, ermittelt aus $xy + c^2 = ax + by$ Mittelpunkt und Asymptoten und gibt die Scheitelgleichungen der Parabeln, die Mittelpunktgleichungen von Kreis, Ellipse und Hyperbel. Anhangsweise führt er körperliche Probleme in x durch Wahl passender y auf das Schneiden von Kegelschnitten, schließlich auf die Verwendung von Parabel und Kreis zurück. Das Wesen der analytischen Methode tritt in dieser kurzen

Abhandlung deutlicher hervor als bei DESCARTES. Insbesondere herrscht Klarheit über die Bedeutung der Vorzeichen beim Gebrauch der Koordinaten. Allerdings ist die Darstellung schleppend, da FERMAT an der ungefügen VIÈTEschen Schreibweise festhält. Um die nämliche Zeit entstehen die ersten Sätze der 1643 abgeschlossenen Skizze über die Oberflächenörter. FERMAT versucht die Flächen zweiter Ordnung aus ihren ebenen Schnitten zu kennzeichnen, übersieht jedoch die Regelflächen.

Sogleich nach Erhalt der DESCARTESschen *Géométrie* (1637) läßt FERMAT durch MERSENNE Abschriften der Extremregel und der Einführung in die geometrischen Örter an DESCARTES gehen, um die Unabhängigkeit seiner eigenen Methoden sicherzustellen. Auf Grund voreingenommener und zu oberflächlicher Prüfung erklärt DESCARTES die Tangentenregel als unrichtig, muß jedoch nach Erhalt eingehender Erläuterungen FERMATs mit vorzüglich ausgewählten Beispielen und Ergänzungen seinen Irrtum zugestehen. Vertraulich äußert er sich auch weiterhin abschätzig über FERMAT, den er z. B. 1644 im Gespräch mit SCHOOTEN als aufschneiderischen Gascogner bezeichnet; dieses Urteil wird von den CARTESIANERN übernommen und führt dazu, daß die nachfolgende Forschergeneration die ihrer Beweiskunst noch unzugänglichen zahlentheoretischen Ergebnisse FERMATs zu Unrecht als die Früchte heuristischer Überlegungen und demgemäß als Zufallsprodukte ohne umfassende Bedeutung ansieht. Deshalb versagen sich PASCAL (1654) und HUYGENS (1658) dem alternden und durch Zeitmangel an der Zusammenfassung seiner zahlentheoretischen Methoden verhinderten FERMAT als Mitarbeiter. Was der zweitrangige J. DE BILLY

(1602—1679) aus Briefen FERMATs als Einleitung zur DIOPHANT-Ausgabe zusammengestellt hat, ist durch sinnstörende Druckfehler entstellt und bezieht sich auf belanglose Spezialitäten statt auf allgemeine Zusammenhänge.

Von den Korrespondenten ist MERSENNE, wenngleich wenig fachkundig, um die Verbreitung der zunächst nur handschriftlich umlaufenden Abhandlungen FERMATs bemüht und übernimmt unter Hinweis auf den Autor einzelne Ergebnisse in seine eigenen Veröffentlichungen (1637/38, 1644); er vermittelt den Abdruck der Tangentenregel im *Supplément* zu HÉRIGONEs *Cursus* (1642) und die Beziehungen zu den Italienern (seit 1643). Nach dem Tod MERSENNEs bedient sich FERMAT vor allem seines alten Freundes P. DE CARCAVY (1600 ?—1684) als Mittelsmann im Gedankenaustausch mit ausländischen Korrespondenten.

Im bedeutenden Briefwechsel FERMATs (seit 1636) mit dem ehrgeizigen und eigenwilligen G. P. DE ROBERVAL (1602—1675), der seit 1630 am *Collège Royal* wirkt und seit 1634 auch eine von RAMÉE gestiftete mathematische Professur innehat, werden vor allem infinitesimale Fragen behandelt. ROBERVAL führt seit 1634 (unabhängig von CAVALIERI) zahlreiche Quadraturen unter Anwendung von Indivisibeln aus; bei der Quadratur von $\int_0^1 t^p \, dt$ geht er für $p = 1$ und 2 wie STEVIN vor (vgl. I, S. 127). Das Ergebnis dehnt er ohne hinreichende Begründung auf alle ganzen und gebrochenen p aus. Er bestimmt u. a. die Fläche der Kreiskonchoide, die Oberfläche auf dem Zylinder $x^2 + y^2 = ax$ bis zum Schnitt mit der Kugel

$x^2 + y^2 + z^2 = a^2$ und die Mantelfläche eines schräg abgeschnittenen Kreiszylinders.

Seit 1629 durch MERSENNE auf die Zykloide $z = y + s$ (erzeugt aus dem Kreis $x^2 + y^2 = 2\,ax$) hingewiesen, leistet ROBERVAL 1634 die Quadratur $\int_0^{2a} z\,dx = \frac{3\,a^2\pi}{2}$ mit Hilfe der Fläche $\int_0^{2a} s\,dx = a^2\pi$ der „Begleiterin" $\bar{y} = s$. FERMAT findet 1638 ein symmetrisierendes Beweisverfahren. Spätestens seit 1637 ist ROBERVAL im Besitz der mechanischen Tangentenregel, auf die er beim Studium der ARCHIMEDischen Spiralen-Abhandlung (vgl. I, S. 36) geführt wurde. Er gibt zahlreiche wohldurchdachte Beispiele, darunter die Tangentenbestimmung an die Zykloide; 1638 fügt DESCARTES die Normalenkonstruktion aus dem Momentanpol unter Erweiterung auf die gedehnte und verschlungene Zykloide bei, FERMAT die geometrische Tangentenkonstruktion aus $\frac{dz}{dx} = \frac{y}{x}$. Beachtlich ist ROBERVALs Entdeckung der Wendepunkte an der Konchoide der Geraden (1638); sie führt FERMAT zur allgemeinen Wendepunktbedingung. 1643 findet ROBERVAL die Bogengleichheit der ARCHIMEDischen Spirale $r = a\varphi$ mit der Parabel $x^2 = 2\,ay$.

In die Zeit um 1645 fällt ROBERVALs wertvollste allgemeine Entdeckung (brieflich 1646): die auf $\frac{dy}{dx} = \frac{y}{t}$ gestützte anschauliche Deutung des Wechsels der Integrationsveränderlichen vermöge $\int_\alpha^a y\,dx = \int_\beta^b t\,dy$, mittels deren er durch Übergang von der Kurve $(x,\ y)$ zur Kurve $(x - t,\ y)$ die allgemeine Parabel- und Hyperbelquadratur leistet.

ROBERVALS erst aus dem Nachlaß zum Druck beförderte mathematische Schriften (1693) lehren, daß dem einfallsreichen Forscher die formale Gestaltungskraft mangelte. Aus den durch dieses Mißverhältnis zwischen Wollen und Können hervorgerufenen Minderwertigkeitskomplexen erklären sich die Gehässigkeiten gegen DESCARTES, den ROBERVAL 1646 in öffentlicher Versammlung hinsichtlich des algebraischen Inhaltes der *Géométrie* des Plagiats an HARRIOT und OUGHTRED beschuldigt (aufgegriffen von WALLIS 1685), und gegen andere wirkliche oder vermeintliche Konkurrenten, vor allem gegen TORRICELLI.

Der Toscaner E. TORRICELLI (1608—1647) erweckt schon als Schüler des Jesuiten-Kollegs zu Faenza große Hoffnungen. Er wird seit 1627 von dem Camaldulenser-Abt CASTELLI, einem begeisterten Anhänger GALILEIS, mit den Hauptwerken der antiken und neueren Mathematik bekanntgemacht und in die Grundgedanken der modernen naturphilosophischen Richtung eingeführt. Die nachgelassenen kleineren geometrischen Studien der Frühzeit zeigen ebenso wie die Abhandlungen über die Kugel und die Parabelquadratur (Druck 1644), daß TORRICELLI die ARCHIMEDische Methode und ihre Weiterbildung bei VALERIO (vgl. I, S. 144) voll beherrscht. Er verbindet sie erfolgreich mit der Indivisibeln-Methode CAVALIERIS (1635), deren Fallstricke er kennt, jedoch geschickt zu vermeiden weiß.

Schon die erste selbständige Arbeit TORRICELLIS, die im Anschluß an CAVALIERI (1632; s. I, S. 148) rein geometrisch geführte Untersuchung der Wurfparabel bei fester Anfangsgeschwindigkeit (1641, Druck 1644), enthält wichtige neue Ergebnisse: den Scheitelort, die Einhüllende und den Berührpunkt der Einhüllenden. Während des kurzen Aufenthaltes in Arcetri (1641/42), wo TORRICELLI nach Anweisungen des erblindeten GALILEI die Schlußredaktion der Zusätze zu den *Discorsi* (Schwerpunktbestimmungen, Proportionalität) übernimmt (ed. VIVIANI 1674), entstehen auch eigene Arbeiten zum nämlichen Gegenstand, worin die Schwerpunktformel $\xi : (a - \xi) = \int_0^a xy\,dx : \int_0^a (a - x)\,y\,dx$ und (im Anschluß an VALERIO) an Kugelschichten Beispiele für die sog. SIMPSONsche Regel (1743) erscheinen (1642).

1641 leistet TORRICELLI durch partielle Integration die Kubatur $\int_a^\infty \pi y^2\,dx = \int_0^b 2\,\pi y\,(x - a)\,dy = a\,b^2\,\pi$ des Drehkörpers der gleichseitigen Hyperbel $xy = ab$ (Druck 1644), wendet die (unabhängig von ROBERVAL gefundene) mechanische Tangentenregel nach einem Vorschlag VIVIANIs auf die gemeine, gedehnte und verschlungene Zykloide an (1643/44) und behandelt einfache inverse Tangentenaufgaben. Ferner findet er die Normalenkonstruktion mittels des Momentanpols, rektifiziert die aus $r = a^{-t}$, $\varphi = \alpha t$ erzeugte logarithmische Spirale und quadriert die gemeine Zykloide, indem er sie als Bild jener Schraubenlinie auf dem Kreiszylinder auffaßt, deren Erzeugende unter 45° geschnitten werden (1643). Diese Ergebnisse sind von DESCARTES unabhängig.

Schon seit 1635 steht MERSENNE mit GALILEI in Verbindung; 1640 vermittelt sein Freund und Ordensgenosse NICÉRON Briefe zwischen CAVALIERI und FERMAT über die Quadratur der Parabeln. 1643 erhalten ROBERVAL und FERMAT Nachricht von den neuen Ergebnissen, die TORRICELLI gerade zum Druck fertig macht; 1644 pilgert MERSENNE nach Rom und gibt zunächst Extremwertaufgaben FERMATs an CAVALIERI und TORRICELLI, die von diesen durch direkte geometrische Überlegungen gelöst werden (schönstes Beispiel: Punkt kleinster Abstandssumme von drei gegebenen Punkten). Später folgen Berichte über weitere Entdeckungen der französischen Mathematiker und vor allem Abschriften FERMATscher Abhandlungen, die durch TORRICELLIs hochbegabten Schüler, den sprachgewandten RICCI, ins Italienische übertragen werden.

TORRICELLI verbindet 1646 FERMATs Methode der Parabelquadratur, die seiner eigenen (jedoch nur für ganze Exponenten benutzten) von 1644 ähnelt, mit der Rektifikation der logarithmischen Spirale (aus Sehnen und Tangenten in geometrischer Reihe) und kennzeichnet die Tangenteneigenschaft der Parabeln und Hyperbeln $\left(\frac{y}{b}\right)^q = \left(\frac{x}{a}\right)^p$ aus $\frac{q\,dy}{y} = \frac{p\,dx}{x}$. Die Quadratur leistet er aus $\int_y^b x\,dy : \int_x^a y\,dx : (ab - xy) = p : q : (p + q)$ und gibt anschließend die Existenzbedingung und den Wert des uneigentlichen Integrals $\int_a^\infty y\,dx$ im hyperbolischen Fall. Entsprechend verfährt er (1647) an den höheren Spiralen $\left(\frac{r}{a}\right)^p = \left(\frac{r\varphi}{a\alpha}\right)^q$, deren Polarsubtangente t er aus $t : r = r\,d\varphi : dr = (p - q)\,r\varphi : qr$ bestimmt. Mittels der Transformation $r = x$, $r\varphi = y$ bzw. $r\varphi = py : (p - q)$ führt er die Quadratur und Rektifikation der Spiralen auf jene der Parabeln $\left(\frac{y}{b}\right)^q = \left(\frac{x}{a}\right)^p$ zurück. Beim Übergang vom Weg $s(t)$ zur Geschwindigkeit $v(t)$ und umgekehrt läßt er erkennen, daß ihm der inverse Charakter von Tangenten-Aufgaben und Quadraturen klar geworden ist. Außerdem weiß er, daß $x^p y^q$ unter der Annahme $x + y = a$ zum Maximum wird, wenn $x : p = y : q$.

Neben diese Untersuchungen, deren strenge Beweise in rein geometrischer Form beim plötzlichen Tod TORRICELLIS beinahe abgeschlossen waren, tritt eine Skizze über die logarithmische Kurve $x = a \log \frac{y}{b}$ mit der konstanten Subtangente a. Aus $a\,dy = y\,dx$ findet TORRICELLI die bis ins Unendliche erstreckte Fläche zwischen der Kurve und ihrer Asymptote und die Kubatur des zugehörigen Drehkörpers (1646/47). Wie hier, so erweist er sich auch bei Behandlung einfacherer geometrischer Fragen als ein scharfsinniger Forscher, der methodisch rein unter Verzicht auf algebraische Hilfsmittel vorgeht und die Kernprobleme der damaligen Infinitesimalmathematik erfaßt und meisterlich behandelt. Obwohl seine feinsten Ergebnisse jahrhundertelang Mskr. bleiben, wirken sie doch zunächst im engeren Freundeskreis, dann über RICCI und ANGELI auf SLUSE, GREGORY, BARROW und LEIBNIZ ein und tragen damit Entscheidendes zum Werden der modernen Mathematik bei.

Unter TORRICELLIS Schülern und Freunden müssen vor allem VIVIANI und RICCI genannt werden. Der Florentiner V. VIVIANI (1622—1703) ist der letzte direkte Schüler des bereits erblindeten GALILEI, als dessen Sekretär er seit 1639 wirkt. Seine mathematische Lebensarbeit gehört dem gründlichen Studium der Alten. Schon 1642 gibt er auf Grund der zehn in

Pappos VII angeführten Hilfssätze und des im Eutokios-Kommentar zu Archimedes Angedeuteten eine bedeutende Wiederherstellung des damals noch nicht im Original bekannten Buches V der Apollonischen Kegelschnitte (Druck 1659); 1645 versucht er sich an der Wiederherstellung der verlorenen körperlichen Örter des Aristaios (Druck 1673).

Der Kleriker M. Ricci (1629—1682), 1681 zum Kardinal erhoben, stammt aus verarmtem römischem Adel. Er schließt sich in Rom an Torricelli an und bleibt später mit seinem verehrten Lehrer in regem Briefwechsel über mathematische und physikalische Fragen. Aus ihm erkennen wir, daß die erst 1666 zum Druck gekommene *Exercitatio mathematica*, worin die Tangenten an die „höheren Ellipsen und Parabeln" $x^p y^q = z^{p+q}$ (mit $ax + by + cz = 0$; also unsere W-Kurven) durch eine strenge Ungleichheit bestimmt werden, im Grundgedanken schon 1645 entstanden ist. Ein algebraisches Mskr. aus etwas späterer Zeit ist noch unediert.

Schließlich darf der Venetianer St. degli Angeli (1623—1697) nicht unerwähnt bleiben, der nach unabgeschlossener Studienzeit bei Cavalieri in Rom mit Ricci und Sluse zusammen arbeitet. Seit 1658 tritt Angeli mit zahlreichen kleineren Schriften über die Infinitesimalmathematik spezieller Kurvenklassen (Parabeln, Hyperbeln, Spiralen, Zykloiden usw.) an die Öffentlichkeit und zeigt dabei, daß er mit den Grundgedanken der letzten Arbeiten Torricellis durchaus vertraut ist, wenn ihm auch die Kraft zur kongenialen Fortsetzung fehlt. 1663 übernimmt er kurz vor seiner Berufung nach Padua die Privatunterweisung Gregorys, der in vierjährigem Aufenthalt durch seinen Lehrer einen vollständigen Einblick in die infinitesimalen Arbeiten der Schule GALILEIS erhält und das Aufgenommene in neuartiger Weise weiterbildet.

Zunächst aber reißt die eben erst enger geknüpfte Verbindung zwischen den französischen und italienischen Mathematikern mit dem Tod TORRICELLIS, CAVALIERIS (1647) und MERSENNES (1648) wieder ab. Schuld daran trägt vor allem ROBERVAL, der belanglose Rechenfehler TORRICELLIS bei der Kubatur zykloidischer Drehkörper als Stütze für die böswillige Behauptung benutzt, TORRICELLI habe seine Ergebnisse nur durch Weiterbildung französischer Anregungen gefunden.

3. Ausweitung und Vertiefung des Gewonnenen (1648–1665)

Von einem Praktiker, dem Lyoner Baumeister und Kriegsingenieur G. DESARGUES (1591–1661), der sich eingehend mit den Kegelschnitten des APOLLONIOS beschäftigt, geht ein wichtiger Impuls auf geometrischem Gebiet aus. DESARGUES gerät mit den Pariser Architekten und Künstlern, die seine geometrischen Vorlesungen (seit 1626) als *Leçons de ténèbres* belächeln, wegen Rechthabereien und theoretisierender Neigungen in heftigen Streit, der ihn 1650 zur Rückkehr nach Lyon nötigt und zu fast völliger Ablehnung der (weniger bedeutenden) perspektivischen Studien führt. Ganz unverdient wird auch das Flugblatt über den Schnitt zwischen Ebene und Kegel (1639) vom nämlichen Schicksal betroffen, worin — freilich in seltsam verschnörkelter Bezeichnungsweise, die großenteils der Botanik entnommen ist — tiefe und umfassende Gedanken zur Kegelschnittlehre ausgesprochen sind.

DESARGUES ersetzt die starren Figuren der EUKLIDischen Betrachtungsweise durch bewegliche, führt Strahlen- und Ebenenbüschel unter ausdrücklicher Mitberücksichtigung uneigentlicher Träger ein, prägt den Involutionsbegriff, behandelt die harmonische Lage und studiert das vollständige Viereck und Vierseit. Durch Zentralprojektion geht er vom Kreis zum Kegel bzw. Zylinder über und führt auf diesem Weg die Kegelschnittlehre auf die Kreislehre zurück. So kommt er zur Polarentheorie der Kegelschnitte und der Kugel, untersucht das Kegelschnittbüschel und bemerkt, daß es auf jeder Geraden eine Involution erzeugt. Auf den nach ihm benannten Satz über perspektive Dreiecke wird er (unter Weiterbildung einer Überlegung aus STEVIN) durch eine räumliche Betrachtung geführt.

Von den fachkundigen Zeitgenossen sind nur FERMAT und DESCARTES bereit, sich über die formalen Darstellungsmängel hinwegzusetzen und die neuartige Auffassung als bedeutsam anzuerkennen (1640). Später äußert sich auch HUYGENS zustimmend (seit 1671). Größeren Einfluß gewinnt die projektive Betrachtungsweise erst mit dem Auftreten von LA HIRE, der seit 1673 einige der neuen Methoden und Ergebnisse in einer den damaligen Geometern vertrauteren Form darstellt. Zu diesem Zeitpunkt sind die Studien von DESARGUES bereits vergessen und verschollen; LA HIRE mag über seinen Vater LAURENT LA HIRE, der mit DESARGUES befreundet war, von ihnen Kenntnis gehabt haben. Die Kerngedanken werden erst von PONCELET (1822) wieder in gleicher Allgemeinheit ausgesprochen.

Unter unmittelbarem Einfluß von DESARGUES stehen die ersten mathematischen Studien des frühreifen BL. PASCAL (1623—1662), der von seinem Vater, dem mathematisch wohlunterrichteten hohen Verwaltungsbeamten ÉTIENNE PASCAL (nach ihm ist die PASCALsche Schnecke benannt), ohne je zur Schule zu gehen, im Geist der Lehren MONTAIGNES unterwiesen und erzogen wird. Der nach dem väterlichen Ausbildungsplan von zu früher Beschäftigung mit Mathematik ferngehaltene Knabe findet sich weitgehend autodidaktisch durch EUKLID hindurch und wird auf Grund des DESARGUESschen Flugblattes von 1639 zu einer seiner schönsten Entdeckungen, dem berühmten Kegelschnittsatz, geführt (Vorstufe 1640, Neufassung 1648). PASCAL ist Verfasser eines umfangreichen Kegelschnittwerkes (1648), worin die Ergebnisse des APOLLONIOS organisch mit den neuen Erkenntnissen von DESARGUES verknüpft sind. Der Inhalt des seit 1676 verschollenen Mskr. ist aus einer Übersicht von LEIBNIZ bekannt. Erstaunlicherweise bleibt PASCALs Kegelschnittsatz unbeachtet und wird erst seit der Nachentdeckung durch MACLAURIN (1720) bekannt.

Im Sommer 1654 wechselt PASCAL, angeregt durch einige vom Chevalier DE MÉRÉ aufgeworfene Fragen, Briefe mit FERMAT über die gerechte Verteilung des Einsatzes bei vorzeitigem Abbruch eines Würfelspiels. Dabei gewinnt PASCAL schrittweise Einsichten allgemeinerer Natur in die Zusammenhänge. Sie sind zusammengefaßt im *Triangle arithmétique* (ausgegeben 1665). Hier wird das additive und multiplikative Bildungsgesetz der Binomialzahlen auf anschaulicher Grundlage aus dem arithmetischen Dreieck entwickelt, die (unabhängig von FERMAT gefundene) Summenformel $\sum_{k=0}^{n}\binom{r+k}{k}=\binom{n+r+1}{r+1}$ aufgestellt und die Kombinatorik auf die Binomialkoeffizienten zurückgeführt. Schon aus älteren Aufzeichnungen, die vermutlich von ROBERVAL beeinflußt sind, stammt die schrittweise Bestimmung von Σk^p aus $(k+1)^{p+1}$ mit der Anwendung auf $\int\limits_0^a t^p\,dt : a^{p+1}$, ferner die Aufstellung des Restesystems von 10^k bzw. 12^k (mod. p) für einige Zahlen p und der daraus folgenden Divisionsproben.

Aus der damals ungedruckten Widmung des Werkes erfahren wir von heute verschollenen Studien über magische Quadrate (Ränderungsproblem), über die Bestimmung von Kegelschnitten aus 5 Grundelementen (Punkte und Tangenten) und über die Erweiterung des APOLLONischen Taktionsproblems auf Kreise, die Gerade unter gegebenen Winkeln schneiden. Als besonders belangreiches Beweisprinzip wird der Schluß von n auf $n+1$ hervorgehoben, den PASCAL aus MAUROLICOs Arithmetik (1575) entnimmt. Gegen Ende 1654 war das *Triangle arithmétique* ausgedruckt, wurde jedoch nicht ausgegeben, weil sich PASCAL im Zusammenhang mit visionären Erlebnissen aus der Welt nach dem stillen *Port-Royal*, der Hochburg des Jansenismus, zurückzog und für einige Jahre auch der Wissenschaft entsagte.

Inzwischen ist der vielseitige CHR. HUYGENS (1629—1695) herangereift, der als Sohn des niederländischen Diplomaten CONSTANTIN HUYGENS, eines Freundes von DESCARTES und MERSENNE, unter glücklichen äußeren Verhältnissen heranwächst und schon in früher Jugend viele naturwissenschaftliche Anregungen aufnimmt. HUYGENS wird 1645/46 als Rechtsbeflissener von SCHOOTEN in Privatunterweisung mit einer Auswahl aus antiken Mathematikern, aus Schriften VIÈTEs, aus der DESCARTESschen *Géométrie* und aus Papieren FERMATS über Extremwerte und das Tangentenproblem bekanntgemacht. Die theoretische Widerlegung der seit GALILEI allgemein vertretenen Ansicht, die Kettenlinie sei eine Parabel (1646 mittels des Prinzips von der Erhaltung der Energie), erregt Aufsehen. 1651 findet HUYGENS den auf fehlerhafter Anwendung der Indivisibeln beruhenden Irrtum in der Kreisquadratur des GREGORIUS A S. VINCENTIO (1647; vgl. I, S. 149) und zeigt, daß die Quadratur des Kegelschnittsegments aus der Lage seines Schwerpunktes folgt. Er lehnt die direkten Infinitesimalmethoden CAVALIERIS (1635, 1647) und TORRICELLIS (1644) ab und läßt nur die indirekte ARCHIMEDische Schlußweise gelten, die auch in schwierigen Einzelfällen zu Erfolg führt. 1654 vereinfacht er in Weiterbildung einer Anregung aus VIÈTE (s. I, S. 121, 131) die Kreisquadratur, indem er das Kreissegment durch umbeschriebene und einbeschriebene Parabelsegmente annähert. 1655 wird er in Angers zum *Dr. jur.* promoviert, lernt die führenden Pariser Mathematiker und Naturwissenschaftler persönlich kennen und sucht Verbindung mit WALLIS, um Näheres über dessen Kreisquadratur zu erfahren.

Der Kenter Theologe J. WALLIS (1616—1703) bildet sich erst als reifer Mann an HARRIOT (1631) und OUGHTRED (1647), deren Auffassung sich in seiner ersten selbständigen Arbeit, den *Winkelschnitten* (1648, Druck 1685) widerspiegelt. Obschon als Royalist bekannt, bleibt er doch unter CROMWELL unbehelligt, der seine Verdienste beim Dechiffrieren aufgefangener diplomatischer Geheimberichte wohl zu schätzen weiß. 1649 übernimmt WALLIS die SAVILE-Professur in Oxford, wird 1654 zum *DD.* promoviert und 1660 zum Kaplan des aus dem Exil auf den Thron zurückgerufenen KARLs II. ernannt.

WALLIS lernt 1650 CAVALIERIS und TORRICELLIS Infinitesimalmethoden kennen und bildet sie seit 1652 durch Arithmetisieren und formalen Übergang von bewiesenen Ergebnissen bei ganzen Exponenten zu solchen mit gebrochenen (unvollständige Induktion) weiter aus. Auf diesem Wege findet er die allgemeine Quadratur der höheren Parabeln und Hyperbeln. Alsdann untersucht er (modern gesagt) $f(p, q) = 1 : \int_0^1 (1 - t^{2/q})^{p/2} dt = 1 : \int_0^1 x^p dy^q$ unter der Annahme $x^2 + y^2 = 1$ für ganze nicht negative p, q. Zuerst stellt er durch Wechsel der Unbekannten die Symmetrieformel $f(p, q) = f(q, p)$ und durch partielle Integration die Reduktionsformel $p \cdot f(p, q) = (p + q) \cdot f(p - 2, q)$ auf. Dann erkennt er unter Hinzunahme von $f(0, q) = 1$ in $f(p, q)$ für gerade p, q den Binomialkoeffizienten $\left(\frac{p+q}{2}\right)! : \left(\frac{p}{2}\right)! \left(\frac{q}{2}\right)!$; außerdem gilt $f(p - 2, q) < f(p, q) < f(p + 2, q)$ und $f(p - 2, q) \cdot f(p + 2, q) < f^2(p, q)$. Nun geht WALLIS zu ungeraden Werten von p, q über, wobei er $f(1,1) \doteq 1 : \int_0^1 \sqrt{1 - y^2\, dy} = 1 : \int_0^1 x\, dy = \frac{4}{\pi}$ setzt.

Indem er die aufgestellten Ungleichungen durch (unbewiesene) Argumentverengerung auch für $p - 1$, p, $p + 1$ an Stelle von $p - 2$, p, $p + 2$ benutzt, erhält WALLIS ein Ungleichungssystem, aus dem sich das nach ihm benannte unendliche Zahlenprodukt für $4/\pi$ ergibt.

Auf ähnliche Weise behandelt er auch $\int_0^1 \sqrt{1 + y^2}\, dy$ und $\int_0^1 \sqrt{x \pm x^2}\, dx$. Sein Gönner, der mathematisch stark interessierte irische Lord W. BROUNCKER (1620 ?—1684), macht die Richtigkeit des Zahlenproduktes für $4/\pi$ durch Näherungsrechnung wahrscheinlich und zerstreut damit die Bedenken von SCHOOTEN und HUYGENS gegen das Ergebnis. Ihm verdanken wir auch den nebenstehenden Kettenbruch.

$$\frac{4}{\pi} = 1 + \cfrac{1}{2 + \cfrac{9}{2 + \cfrac{25}{2 + \cdots}}}$$

WALLIS, der gleichzeitig eine Reihe von Mskr. druckfertig macht, worunter eine Kegelschnittlehre in Koordinatenform (1655), eine Untersuchung über den Kontingenzwinkel (1656) und eine allgemeine Einführung in die Mathematik (1657) nur nebenher genannt werden können, faßt seine neuesten Ergebnisse in der umfangreichen *Arithmetica infinitorum* (1656) zusammen. Er läßt ein Exemplar zur Beurteilung an FERMAT gehen. Dieser hatte seit dem Tod MERSENNEs, beruflich stark in Anspruch genommen, nur mehr kleinere Abhandlungen an die Pariser Freunde gegeben, so die Eliminationsmethode (1650) und die Wiederherstellung EUKLIDischer Porismen (1654), mit der sich schon GIRARD (vor 1617) befaßt hatte. Er erkennt sogleich die Schwäche der WALLISschen Beweisführung, zweifelt an der Richtigkeit des Produktes für $4/\pi$ und ist darüber verstimmt, daß WALLIS die Quadratur der höheren Parabeln und Hyperbeln in unzureichender Form veröffentlicht hat, ohne FERMAT auch nur zu erwähnen.

Es kommt zu einer brieflichen Auseinandersetzung mit WALLIS (1657/58), in deren Verlauf FERMAT zunächst die Auflösung von $\Sigma y^3 = x^2$ (Beispiel: $\Sigma 7^3 = = 20^2$) und $\Sigma x^2 = y^3$ fordert. Hier bedeutet Σa die Summe aller Teiler der ganzen positiven Zahl a (einschließlich 1 und a). An dieser Aufgabe scheitern SCHOOTEN, HUDDE und WALLIS; FRENICLE stößt zu heuristisch gefundenen Lösungen in großen zusammengesetzten Zahlen vor, während FERMAT (ohne sich hinreichend präzise auszudrücken) an Primzahlen gedacht hatte, worin seine Probleme — abgesehen von $x = 1$, $y = 1$ und dem obigen Beispiel — keine weiteren Lösungen haben. Weiterhin fordert FERMAT die kleinsten ganzen Lösungspaare der Gleichung $x^2 - - py^2 = 1$ (p ganz, positiv, nicht Quadratzahl), und zwar entweder den allgemeinen Existenzbeweis oder die Behandlung der schwierigen Fälle $p = 61, 109, 127$. Diese werden 1657 von FRENICLE durch systematisches Probieren, 1658 von BROUNCKER durch Kettenbrüche erledigt, während FERMAT eine (wiederhergestellte) wirksame Modifikation der zyklischen Methode (vgl. I, S. 50) benutzt. Der von WALLIS gegebene Existenzbeweis für die Kettenbruchmethode ist lückenhaft.

Die an dritter Stelle geforderte Ermittlung von x, y aus $a^3 + b^3 = x^3 + y^3$ ist von FERMAT unter schrittweiser Wiederholung der Regel von BOMBELLI/VIÈTE (vgl. I, S. 118) gedacht. FRENICLE gibt ganzzahlige Lösungen in kleinen Zahlen, die durch Rückführung des Problems auf Gleichungen der Form $u^2 - pv^2 = q$ erklärt werden können. In Verkennung der Sachlage glaubt WALLIS, in der Auseinandersetzung günstig abgeschnitten zu haben, und läßt 1658 eine (einseitige) Auswahl aus den gewechselten Briefen erscheinen; FERMAT stellt in einer anonymen *Replik* fest, daß WALLIS in allen grundsätzlichen Fragen versagt hat.

Im Ringen um die Ergebnisse von WALLIS entsteht FERMATS *Transmutatio et emendatio aequationum* (1657/58 ?, Druck 1679). Sie enthält die ersten allgemeinen Integrationsmethoden (Wechsel der Veränderlichen, gliedweise und partielle Integration, Substitution). Mit ihrer Hilfe quadriert FERMAT die Schleife $a^2(x^2 - y^2) = x^4$ (Substitution $tx = ay$), das *folium Cartesii* $x^3 + y^3 = axy$ (Substitution $a^2y = tx^2$) und die *Versiera* $(a^2 + x^2)\,y = a^3$ (Substitution $x = av/u$, $y = u^2/a$) und deutet an, wie man $\int_0^a \sqrt{a^2 - x^2}^{\,n}\,dx$ und $\int_0^\infty x^2\,dx/(a^2 + x^2)^n$ schrittweise auswerten kann. Über die geplante Neuausgabe der DESCARTESschen *Geometria* informiert, führt er (1658, Druck 1679) in scharfer Kritik an den DESCARTESschen *genres* die Auflösung höherer Probleme auf die Anwendung möglichst einfacher algebraischer Kurven zurück und macht (1658) in Vorwegnahme NEWTONscher Gedankengänge Andeutungen über ebene Schnitte an Kegeln dritter Ordnung.

In der nämlichen Zeit entwickelt HUYGENS, angeregt durch den Briefwechsel zwischen FERMAT und PASCAL über Wahrscheinlichkeitsfragen, eine vollständige Theorie des Würfelspiels (Druck 1657) und macht seine ersten großen Entdeckungen auf infinitesimalem Gebiet. Durch die Widerlegung einer verfehlten Parabelrektifikation von TH. HOBBES (1656) veranlaßt, zeigt HUYGENS unter Verwendung eines Sehnenzugs zwischen aequidistanten Durchmesserparallelen, der durch passendes Verschieben in der Durchmesserrichtung zu einem Tangentenzug gemacht werden kann, daß sich der Parabelbogen ausstrecken läßt, und führt die Rektifikation auf die Hyperbelquadratur zurück; ähnlich leistet er die Komplanation der Drehflächen zweiter Ordnung (1657). Die allgemeine Quadratur der höheren Parabeln und Hyperbeln gelingt durch Aufteilen der Fläche zwischen dem Kurvenbogen und den ihn begrenzenden Tangenten in Dreiecke vermöge passend eingeschalteter Zwischentangenten.

Huygens stellt die Quadratur der Konchoide und Kissoide (1658) den Korrespondenten als Aufgabe und ist über die richtige Wallissche Lösung durch unvollständige Induktion (1659) überrascht. Im Briefwechsel mit Schooten (insbesondere seit 1650), der auch über die Arbeiten seiner Schüler berichtet, und vor allem mit Sluse (seit 1657) werden kubische und biquadratische Probleme, Extremwertfragen, Tangenten, Wendepunkte, Flächen und Schwerpunkte an speziellen algebraischen Kurven behandelt, die zumeist als geometrische Örter gegeben sind.

Der Lütticher Domherr R. Fr. de Sluse (1622 bis 1685) aus angesehener wallonischer Familie studiert 1638/42 in Löwen, dann in Rom, wo er 1643 zum *Dr. jur. can.* promoviert wird und sich mit Hingabe den Sprachen und den Naturwissenschaften widmet. Sluse ist eng befreundet mit dem geistesverwandten Ricci und nimmt an dessen mathematischen Arbeiten auch nach Übernahme des Lütticher Kanonikats (1653) Anteil. Seit 1652 verwendet er die mechanische Tangentenregel, die ihm wohl über Ricci von Torricelli zugeflossen ist; seit 1655 bestimmt er die Subtangente t einer aus $f(x, y) = \Sigma a_{ik} x^i y^k = 0$ gegebenen algebraischen Kurve durch ein Divisionsverfahren mit weggelassenen höheren Gliedern wie bei der FERMATschen Extremwertregel, das im Erfolg mit $t\frac{\partial f}{\partial x} + y\frac{\partial f}{\partial y} = 0$ gleichwertig ist. In der Korrespondenz mit HUYGENS spielen vor allem die SLUSEschen Perlen $x^p (ax + b)^q = y^r$, also ein spezieller Fall der RICCIschen W-Kurven, eine große Rolle.

Abseits von diesem Forscherkreis steht der Schüler und Nachfolger CAVALIERIS in Bologna, der Kleriker P. MENGOLI (1625—1686). In der *Geometria speciosa* (um 1648, Druck 1659) bestimmt MENGOLI — in der Problemstellung von CAVALIERI, TORRICELLI und RICCI beeinflußt — unter Verwendung ein- und umbeschriebener Treppenfiguren $\int\limits_0^1 x^p (1 - x)^q\,dx = \frac{1}{p+q+1} : \binom{p+q}{p}$. In Weiterführung der Untersuchungen des GREGORIUS A S. VINCENTIO (1647) nähert er Logarithmen durch Teilreihen der harmonischen Reihe an und findet hieraus die alternierende Reihe $ln\,2 = \sum\limits_{k=0}^{\infty} \frac{(-1)^k}{k+1}$.

In den *Novae quadraturae* (1650) wird die arithmetisierende Verschärfung der Indivisibelnmethode erfolgreich weiter fortgesetzt. Hier erscheint die Beschränktheit der Partialsummen als notwendige und hinreichende Bedingung für die Summierbarkeit einer unendlichen Reihe von unbeschränkt abnehmenden positiven Gliedern; die Divergenz der harmonischen Reihe wird mittels $\frac{1}{3n-1} + \frac{1}{3n} + \frac{1}{3n+1} > \frac{1}{n}$ erwiesen. Weiterhin summiert MENGOLI Reihen wie jene der dividierten reziproken figurierten Zahlen, deren Glieder aus den Produkten von gleichviel aufeinander folgenden Gliedern einer arithmetischen Reihe bestehen. Er stößt bis zu $\sum_{k=1}^{\infty} \frac{n}{k(n+k)} = \frac{1}{1} + \frac{1}{2} + \ldots + \frac{1}{n}$ vor, verzweifelt jedoch an der Darstellbarkeit von $\sum_{k=1}^{\infty} \frac{1}{k^p}$ durch geschlossene Ausdrücke.

MENGOLIS Ergebnisse werden (seit 1668) durch GREGORY in England bekannt, geraten jedoch wieder in Vergessenheit, da sie in undurchsichtiger und schwerfälliger Form dargestellt sind und überdies als durch die Potenzreihenmethode überholt gelten. Aus späterer Zeit ist der exakte Nachweis für die Richtigkeit des WALLISschen Zahlenproduktes für $4/\pi$ beachtlich (1672), wird jedoch von den Zeitgenossen, denen das tiefere Verständnis für die arithmetische Strenge der Beweisführung mangelt, nicht richtig gewertet.

PASCAL, der sich an der Auseinandersetzung zwischen FERMAT und WALLIS nicht aktiv beteiligt hatte, fordert im Sommer 1658 in einem Preisausschreiben Quadraturen, Kubaturen und Schwerpunktbestimmungen an zykloidisch begrenzten Figuren. HUYGENS und SLUSE ziehen sich nach Anfangserfolgen zurück. WREN erweist durch geschickt verwendete Sägezüge die von PASCAL nicht geforderte Existenz der Bogenlänge σ an der Zykloide und zeigt, daß sie das Doppelte der Sehne $\sqrt{2\,ax}$ am erzeugenden Kreis ist.

Um den Preis bewerben sich WALLIS und LALOVERA. Sie kommen in mühsamen Einzeluntersuchungen nicht über Teilergebnisse hinaus, die von PASCAL als unbefriedigend zurückgewiesen werden (1658). Die Ablehnung ist von unsachlichen Motiven bestimmt; sie gilt einerseits dem Engländer, andererseits einem Angehörigen des von PASCAL im Ringen um *Port-Royal* so bitter bekämpften Jesuitenordens (*Lettres provinciales*, 1657). In der anschließenden *Histoire de la roulette* (1658/59) macht sich PASCAL in unbegreiflicher Verblendung die gehässigen Unterstellungen ROBERVALs gegen TORRICELLI von 1646 zu eigen. Die inhaltsreichen und sachlich gerechtfertigten, aber stilistisch unbefriedigenden Gegenschriften von WALLIS (1659), LALOVERA (1660) und DATI (Rechtfertigung TORRICELLIs, 1663) bleiben wirkungslos.

PASCALs eigene Ergebnisse sind in einer fingierten Briefsammlung (1659) unter dem Decknamen AMOS DETONVILLE zusammengefaßt, deren mathematischer Inhalt durch geometrische Verschärfung der infinitesimalen Ansätze bei den Italienern, bei ROBERVAL und WALLIS und deren Vereinigung mit den Methoden der Jesuiten (vgl. I, S. 148/51) zustande gekommen ist. Ausgehend vom Kreis $x^2 + y^2 = a^2$, wertet PASCAL unter fortwährender geschickter Verwendung des charakteristischen Dreiecks zwischen dx, dy, ds die einfachsten Fälle der Integrale $\int s^m x^p y^q \, dx$ schrittweise aus. Er deutet das Gewonnene geometrisch, wobei auch Keile von zykloidischen Drehkörpern, ferner schraubenförmig und schräg abgeschnittene Teile von Kreiszylindern (Hufe) betrachtet werden. Bedeutendste Einzelleistung ist der Nachweis für die Gleichheit der Bögen der ARCHIMEDischen Spirale und der Parabel und die Rückführung des Bogens der verdehnten und verschlungenen Zykloide auf jenen der Ellipse. Besondere Hervorhebung verdient die Darstellungs- und Beweiskunst PASCALs, die dem Leser ganz neue Gesichtspunkte vermittelt.

In jenen Jahren entstehen Entwürfe über das Wesen der Mathematik und der Dialektik innerhalb der Forschung, worin sich PASCAL vor allem gegen das Unzulässige der Indivisibelnvorstellung wendet, auf klare und einprägsame Definitionen und durchsichtige Schlußweise drängt und Kerngedanken der modernen axiomatischen Auffassung vorwegnimmt. Diese Studien finden in der von ARNAULD und NICOLE verfaßten sog. *Logik von Port-Royal* (1660) ihren Niederschlag. Von einer beabsichtigten Umarbeitung der EUKLIDischen Elemente im Sinne der neuen Gedankengänge sind nur mehr Bruchstücke vorhanden; das Mskr. wurde von PASCAL vernichtet, als er die Überlegenheit der von ARNAULD (um 1660) verfaßten *Neuen Elemente* (Druck 1667) erkannte, die den ersten Schritt auf dem Wege zu einer Reform des geometrischen Anfangsunterrichtes und damit zur Vorbereitung tieferer Einsichten in das Wesen und die Methode der Mathematik darstellen.

Wenige Monate nach Versendung der PASCALschen Briefsammlung erscheint der erste Band der neu herausgegebenen DESCARTESschen *Geometria*. Er enthält als wichtigste Neuerung das auf eine infinitesimale Überlegung gestützte allgemeine Rektifikationsverfahren des Harlemers H. VAN HEURAET (1633—1660 ?), der dem engsten Schülerkreis SCHOOTENs angehört. HEURAET ist durch briefliche Hinweise auf neue Ergebnisse von HUYGENS an der Parabel zu seiner Entdeckung (und zur allgemeinen Komplanation von Drehflächen) gekommen; insbesondere leistet er die algebraische Rektifikation der semikubischen Parabel

$ay^2 = x^3$. Damit ist der ARISTOTELische Einwand gegen die Möglichkeit von Rektifikationen (s. I, S. 30) überwunden und die DESCARTESsche Fehlmeinung zum gleichen Gegenstand widerlegt. Sogleich nimmt FERMAT das Thema auf, gibt einen allgemeinen Existenzbeweis unter Erweiterung der Sägezug-Methode WRENs an der Zykloide und vereinfacht die (ihm nur dem Hörensagen nach bekannte) HUYGENSsche Parabelausstreckung (1660). In einer Beilage zu LALOVERAs Verteidigungsschrift gegen PASCAL werden außerdem Sätze über die von Zykloidenbögen erzeugten Drehflächen und die bereits aus TORRICELLIs Nachlaß bekannten, jedoch für FERMAT neuen Sätze über die Flächengleichheit und Bogengleichheit zwischen höheren Spiralen und höheren Parabeln mitgeteilt, die von ANGELI eingehend bewiesen werden (1660).

HUYGENS baut in der Stille die im Zusammenhang mit dem Zykloidenstreit gefundenen Ergebnisse weiter aus, bestimmt die Evoluten der Kegelschnitte und der Zykloide und entwirft eine allgemeine Evolutentheorie. Indem er seine näherungsweise Kreisquadratur (1654) auf die Hyperbel überträgt, kommt er zu sehr genauen Näherungen bei der Logarithmenrechnung, ferner zu Quadraturen an der logarithmischen Kurve (1661, Akademie-Vorträge 1666/67) und zur Aufstellung der barometrischen Höhenformel (1662). Als hochmögender Standesherr steht er mit fast allen europäischen Mathematikern von Ruf in Verbindung; 1660/61 lernt er PASCAL in Paris, OLDENBURG in London und WALLIS in Oxford persönlich kennen und erhält durch Vermittlung CARCAVYs Berichte über die neuesten Arbeiten FERMATs. Dieser sendet 1661 seine Kissoidenquadratur vermittels symmetrisierender Integration und eine algebraische Studie über Gleichungen, die vermöge des Ansatzes $x = u + v$ in Radikalform aufgelöst werden können, 1662 seine letzte große Entdeckung, den Nachweis für die Richtigkeit des SNELLschen Brechungsgesetzes auf Grund einer rein geometrischen Extremwertbetrachtung.

Unmittelbar nach Erscheinen der DESCARTESschen *Geometria* kommt SLUSES *Mesolabum* heraus, worin unter Gegenüberstellung der alten rein geometrischen und der neuen Koordinaten-Methode gezeigt wird, wie man alle kubischen Probleme mit Zirkel und Lineal lösen kann, wenn ein fester Kegelschnitt gezeichnet vorliegt. Vor 1659 (Druck 1673) gibt SLUSE seiner Tangentenregel die algorithmisch brauchbarere Form $t \Sigma i a_{ik} x^{i-1} y^k + \Sigma k a_{ik} x^i y^k = 0$, zu der fast gleichzeitig auch HUDDE (1656, brieflich 1658, Druck 1713), HUYGENS (1662, brieflich 1663, Akademie-Vortrag 1667, Druck 1693) und NEWTON (1665, brieflich 1672, Druck 1712) unabhängig von einander in dem Bestreben geführt werden, die FERMATsche Tangentenregel rechnerisch zu vereinfachen.

Bei dieser Gelegenheit muß auf die bedeutsamen Beiträge des Amsterdamer Patriziersohns J. HUDDE (1628—1704) hingewiesen werden, der seit 1667 in hohe Magistratsfunktionen eintritt und sich später nur mehr gelegentlich mit wissenschaftlichen Fragen befassen kann. HUDDE ist einer der fähigsten Schüler SCHOOTENS. Er verfaßt 1656 ein (derzeit verschollenes) Mskr. über Infinitesimalprobleme, worin die Hyperbelquadratur in Form der logarithmischen Reihe enthalten ist (brieflich 1662). In SCHOOTENS *Exercitationes* (1657) ist die Diskussion der parabolischen Schnitte der Ebenen $x = c$, $y = 0$, $z = c$ mit der Fläche $\left[\frac{x}{a} - \left(\frac{y}{b}\right)^2\right]^2 + \left[\frac{x}{a} - 2\left(\frac{y}{b}\right)^2\right] \cdot \left(\frac{z}{c}\right)^2 = 0$, die Bestimmung der größten Breite des *folium Cartesii* und eine (unrichtige) Schwerpunktsbestimmung im radialen Feld übergegangen. In Briefen von 1656 werden körperliche Probleme mittels einer festen Hyperbel und eines Kreises behandelt, reduzierte kubische Gleichungen mittels $x = u + v$ aufgelöst und Tangentenaufgaben und Quadraturen an SLUSEschen Perlen elegant erledigt. Die Bestimmung des gemeinsamen Teilers von zwei Polynomen durch Elimination (1657) ist in die *Geometria* (1659) übergegangen, ebenso die Ermittlung vorhandener Doppelnullstellen des Polynoms $f(x) \equiv \Sigma a_k x^{n-k}$ aus $\Sigma (p + kq) a_k x^{n-k} \equiv (p + nq) f(x) - qx f'(x) = 0$, die auf Extremwerte, Tangenten, Wendepunkte und Irrationalitäten angewendet wird und bei der Gleichungserniedrigung auf Grund bekannter Wurzelbeziehungen dienlich ist (1658). Sehr interessant sind die hier gegebenen speziellen Regeln zur Kennzeichnung irreduzibler und zur Zerlegung reduzibler Polynome. Seit 1665 korrespondiert HUDDE mit HUYGENS über Wahrscheinlichkeitsfragen und 1671 mit DE WITT über Rentenrechnung.

Das ebenfalls 1659 erschienene Büchlein des aus der Dauphiné stammenden Jesuiten H. FABRI (1606 ? bis 1688) über die Zykloide und die Sinuslinie muß als (unwesentlicher) Beitrag eines Außenstehenden zum Zykloidenstreit angesehen werden. Von größerem Interesse ist der *Euclides restitutus* (1658) des Neapolitaners G. A. BORELLI (1608—1679), eine vorzüglich durchdachte EUKLID-Bearbeitung mit eingehender

Behandlung der Parallelenlehre, die vom Ort aller Punkte gleichen Abstandes von einer Geraden ihren Ausgang nimmt. BORELLI ist Mitschüler TORRICELLIS bei CASTELLI; er findet 1658 in der Florentiner Bibliothek die dort seit FERDINAND I. nachweisbare arabische Übersetzung der *Conica* I/VII des APOLLONIOS und veröffentlicht sie (1661) im Zusammenwirken mit dem polyglotten syrischen Maroniten ABRAHAM VON EKCHELLES. Angefügt ist eine verbesserte lateinische Ausgabe der nicht sehr glücklich von FOSTER (1659) edierten ARCHIMEDischen *Wahlsätze*. Die Übersetzung des Buches V der *Conica* zeigt, daß VIVIANIS Wiederherstellung in allen wesentlichen Punkten das Richtige getroffen hatte.

Auch die sonstigen Ausgaben, Übersetzungen, Wiederherstellungen und Bearbeitungen antiker Klassiker im Hochbarock verdienen volle Anerkennung; hingegen ist es um die gleichzeitigen Einführungswerke in Geometrie, Rechnen und Algebra schlecht bestellt. An ihnen wird deutlich, daß das Gesamtniveau des mathematischen Wissens im Hochbarock keineswegs an den Spitzenleistungen der führenden Persönlichkeiten gemessen werden darf. Die neuen Erkenntnisse beschränken sich vielmehr auf einen engen Kreis von Wissenden, die durch interessierte, jedoch zumeist fachlich nicht hinreichend vorgebildete Mittelsleute miteinander in loser Verbindung stehen. Daß die Eingeweihten auf die Zurückhaltung ihrer Methoden bedacht sind und sich nur zu knappen Andeutungen, selten zu Mitteilungen von Ergebnissen bereitfinden, nimmt in einem Zeitalter, da der literarische Raub mit zur Tagesordnung gehört, nicht Wunder.

Mit dem Tod SCHOOTENS (1660) setzt der Zerfall der blühenden Leidener Schule ein; mit dem Tod PASCALS (1662) und FERMATS (1665) verliert Frankreich die Führung auf mathematischem Gebiet; das Hochbarock ist zu Ende. Mit dem erfolgreichen Zusammenschluß fachkundiger Persönlichkeiten zu gelehrten Standesvereinen, die von Staats wegen anerkannt und gefördert werden — die wichtigsten sind die Londoner *R*[*oyal*] *S*[*ociety*] (seit 1660; erster Präsident BROUNCKER, Sekretär OLDENBURG) und die Pariser *Ac*[*adémie des*] *Sc*[*iences*] (seit 1666; Sekretär DUHAMEL) —, erhält das wissenschaftliche Leben feste äußere Formen und das geistige Eigentum einen wirksameren Schutz. Die zur nämlichen Zeit aufkommenden wissenschaftlichen Zeitschriften, voran die *P*[*hilosophical*] *T*[*ransactions*] (seit 1665, Herausgeber OLDENBURG) und das *J*[*ournal des*] *S*[*çavans*] (seit 1665 unter anfangs schwankender und wechselnder Führung), gewähren die Möglichkeit rasch erscheinender Voranzeigen und Berichte, so daß die Bedeutung des gelehrten Briefwechsels langsam zurücktritt.

HUYGENS, der nunmehr allgemein als der maßgebliche Mathematiker Europas anerkannt wird, geht 1666 als Leiter der mathematisch-physikalisch-astronomischen Abteilung der *Ac. Sc.* nach Paris; er wendet sich immer stärker der Mechanik und der Optik zu und wird zum Hauptvertreter jener Richtung, die den neuartigen Bestrebungen jüngerer Kräfte auf mathematischem Gebiet ohne innere Anteilnahme und mit wachsender Skepsis gegenübersteht.

Allgemeines

H. Brown: *Scientific organizations in XVIIth century France* (1620/80), Baltimore 1934.

C. B. Boyer: *The concept of the calculus*, New York 1939.

— : *History of analytic geometry*, New York 1956.

G. Castelnuovo: *Le origini del calcolo infinitesimale nell'era moderna*, Bologna 1938.

J. E. Hofmann: *Zur Entdeckungsgeschichte der höheren Analysis im 17. Jh.*, in den *Math.-Phys. Semester-ber.* 1, 1950.

P. Sergescu: *Les recherches sur l'infini mathématique jusqu'à l'établissement de l'analyse infinitésimale*, Paris 1949 (= *Act. sc. industr.* 1083).

H. Wieleitner: *Die Geburt der modernen Mathematik*, Karlsruhe 1924/1925 (= Wissen und Wirken 12/13).

H. G. Zeuthen: *Geschichte der Mathematik im 16. u. 17. Jh.*, dän. Kopenhagen 1903, dtsch. v. R. Meyer, Leipzig 1903, russ. Moskau/Leningrad 1933.

Einige Klassiker-Ausgaben

Apollonios

Conica, I/IV lat. aus d. Griech.: Fr. Maurolico (1548), ed. G. A. Borelli: 1654. Cl. Richard: 1655. I/VII lat. aus d. Arab: Chr. Ravius: 1669.

Loci plani: Wiederherstellg. n. Pappos VII in Fr. van Schooten, *Exerc. math.* 1657.

Archimedes

J. Chr. Sturm: *Sandrechng.* dtsch: 1667; *Werke* dtsch.: 1670.

Aristarchos

De mundi systemate, lat. v. G. P. de Roberval: 1644; [2]ed. M. Mersenne: 1647.

Euklid

Elementa: Cl. Richard, lat.: 1645. H. Hoffmann, dtsch.: 1651.

Bearbeitgen.: A. Tacquet: 1654. I. Barrow: 1655. Cl. Fr. M. Dechales: lat. 1660, frz. 1672, engl. v. R. Williams: 1685.

Iamblichos

Kommentar zu Nikomachos, *Introductio arithmetica*, gr. — lat. ed. S. ten Nuyl: 1668.

Pappos

Collectiones, lat. v. F. Commandino (1588), [2] ed. C. Manolesse: 1660.

Theodosios

Bearbeitg. in J. B. Duhamel, *Elem. astr.* 1643.

Theon v. Smyrna

Expositio, lat. griech. v. I. Boulliau: 1644.

Vitruvius

Architectura, frz. v. Cl. Perrault: 1673.

Einiges zur Arithmetik u. Algebra

J. Hemeling: seit 1652. J. H. Rahn: 1659, engl. v. Th. Brancker: 1668. E. Cocker: seit 1664. G. Figatelli: 1664. J. Mohr: 1665. J. J Ferguson: 1667.

VII. Abschnitt

Spätbarock (etwa 1665 bis 1730)

1. Erfindung der Potenzreihenmethode (1665—1675)

Auch im Spätbarock ist das Durchschnittswissen auf mathematischem Gebiet noch nicht sehr bedeutend; zumeist beschränkt es sich auf rein drillmäßig angelernte Praktiken. Demgegenüber suchen die führenden Persönlichkeiten, auf deren Wirken wir uns allein zu beziehen haben, in Weiterbildung der Ideen von VIÈTE und DESCARTES nach umfassenden Methoden, mittels deren sich die bisher gewonnenen Einzelergebnisse vereinheitlichen lassen. Die ältere rein geometrische Darstellungsweise wird durch die überlegenen algebraischen Untersuchungsmethoden verdrängt, die zu einer knappen, durchsichtigen und leicht zu handhabenden Symbolik und Rechentechnik führen und die Erfindung der Potenzreihenmethode vorbereiten. Diese wird zum machtvollen Instrument der neuen Forschung und findet ihre Ergänzung im Calculus, der im Zusammenwirken fachwissenschaftlicher und erkenntniskritischer Tendenzen entstandenen Spitzenleistung des Spätbarock.

Die erste Zusammenfassung einer großen Anzahl infinitesimaler Einzelergebnisse verdankt man dem genialen J. GREGORY (1638—1675), dem jüngsten Sohn eines in die blutigen Wirren seines Vaterlandes verwickelten schottischen Landpfarrers. GREGORY, ein Großneffe des als Herausgeber VIÈTEscher Schriften wohlbekannten ANDERSON, erhält den ersten geometrischen Unterricht von seiner Mutter, dann von seinem Bruder DAVID GREGORY. Er studiert in Aberdeen und schreibt ohne genaue Kenntnis der einschlägigen neueren Literatur eine ganz auf mathematische Schlüsse gestützte *Optik*, worin er als zweckmäßigstes astronomisches Beobachtungsgerät ein Spiegelteleskop vorschlägt. GREGORY gewinnt die Gunst des naturwissenschaftlich wohlunterrichteten schottischen Edelmannes MORAY, der seinen Schützling in die Londoner *RS* einführt. Dort lernt GREGORY den Rechenmeister COLLINS (1625–1683), den an der höheren Mathematik stark interessierten Bibliothekar der *RS*, persönlich kennen. GREGORY geht 1663 mit Empfehlungsbriefen MORAYs nach Italien, wo er in Privatunterweisung bei ANGELI in Padua (1664/68) Einblick in die neuesten Ergebnisse des TORRICELLI-Kreises gewinnt.

1667 veröffentlicht GREGORY seine erste Einzelentdeckung, die Quadratur des Ellipsen- oder Hyperbelsektors Σ aus einbeschriebenen und umbeschriebenen Vielecken der Flächen f_k, F_k. In affiner Erweiterung des ARCHIMEDischen Verfahrens (s. I, S. 36) bildet er aus f_0 (einbeschriebenes Dreieck) und F_0 (umbeschriebenes Viereck) vermittels $f_{k+1} = \sqrt{f_k F_k}$, $\frac{2}{F_{k+1}} = \frac{1}{f_{k+1}} + \frac{1}{F_k}$ eine von beiden Seiten her gegen Σ konvergierende (hier erstmals dieses Fachwort) Doppelfolge. Er rationalisiert den Rechenvorgang vermöge $t f_0 = u^2 (u + v)$, $t F_0 = v^2 (u + v)$, also $t f_1 = uv (u + v)$, $t F_1 = uv (v + v) = 2 u v^2$, nähert Σ durch Linearkombinationen der niedrigsten f_k, F_k an und versucht durch Übergang zu Polynomen $\Phi (f_0, F_0) = \Phi (f_1, F_1)$ die „analytische Unmöglichkeit" der Kreisquadratur (d. h. die Transzendenz von π) zu erweisen.

In der gleichzeitigen *Geometriae pars universalis* (1668) haben wir die erste Zusammenfassung der von den Italienern und Engländern gefundenen Ergebnisse auf infinitesimalem Gebiet vor uns — ein reichhaltiges Werk, worin alles nach der strengen indirekten ARCHIMEDischen Methode erwiesen wird, jedoch nur in schwerverständlicher rein geometrischer Darstellung. GREGORY will die Mathematik nicht in Geometrie und Algebra abteilen, sondern in allgemeine und spezielle Satzgruppen. Er sieht in der Übertragung der wesentlichen Eigenschaften einer Figur auf eine andere das allgemeine und typisch Algebraische (Vorahnung des gruppentheoretischen Gesichtspunktes) und kennt bereits die Bedeutung einzelner transzendenter Funktionen für die Klassifizierung von Integrationsproblemen. Die Zulässigkeit von Rektifikationen erweist er durch eine verbesserte Modifikation der (ihm noch unbekannten) FERMATschen Sägezug-Methode; er führt sie unter Verwendung der Länge n der Kurvennormalen aus $\frac{dx}{ds} = \frac{y(x)}{n(x)}$ durch, indem er das Mantelstück des mit der Ebene $z = y$ geschnittenen geraden Zylinders über der Kurve $y(x)$ berechnet. Aus der Näherung $\frac{y}{t} \approx \frac{y - \triangle y}{t - \triangle x}$ bestimmt GREGORY (in Weiterbildung der Methode RICCIs, 1666) mit $\triangle x \to 0$ die Subtangente t, beschränkt sich jedoch auf algebraische Kurven. Wohlgelungen ist der allgemein durchgeführte Übergang von Polarkoordinaten zu rechtwinkligen vermittels der flächeninvarianten bzw. bogeninvarianten Transformation $x = r$, $y = r\varphi$ bzw. $\int_0^\varphi r\,d\varphi$, mittels deren die logarithmische Spirale zur logarithmischen Kurve wird.

GREGORY zitiert kaum. Er erhebt keinen Anspruch

auf die zahlreichen beigebrachten Einzelheiten, die wir bereits aus FERMAT, ROBERVAL, TORRICELLI, HUYGENS, WALLIS, ANGELI, RICCI und andern Autoren kennen (obwohl ihm gelegentlich vorzügliche methodische Verbesserungen gelungen sind), sondern ausschließlich auf die vereinheitlichende und unangreifbare Methode. Die Rektifikation der Ellipse und Hyperbel hält er für analytisch von höherer Stufe als die Kreisquadratur. In einem Anhang wird die Parabel mit einem Kreis geschnitten und bemerkt, daß (modern gesagt) die algebraische Abstandssumme der Schnittpunkte von der Parabelachse gleich Null ist.

Im Frühjahr 1668 nach London zurückgekehrt, wird GREGORY auf Grund der freundlichen Anzeige der *Vera quadratura* durch BROUNCKER in den *PT* in die *RS* aufgenommen. Die Nachricht vom bevorstehenden Erscheinen einer Hyperbelquadratur MERCATORs veranlaßt BROUNCKER, seine schon 1657 von WALLIS im Streit mit FERMAT erwähnte rationale Hyperbelquadratur in den *PT* (IV 1668) herauszugeben. Sie führt durch zweckmäßige Zusammenfassung der in 2^n gleichbreite Streifen geteilten Hyperbelfläche $\int_0^1 \frac{dt}{1+t}$ auf $ln\, 2 - \frac{1}{2} = \left(\frac{1}{3\cdot 4}\right) + \left(\frac{1}{5\cdot 6} + \frac{1}{7\cdot 8}\right) +$

$$+ \left(\frac{1}{9\cdot 10} + \frac{1}{11\cdot 12} + \frac{1}{13\cdot 14} + \frac{1}{15\cdot 16}\right) + \ldots \text{ und}$$

$$1 - ln\, 2 = \left(\frac{1}{2\cdot 3}\right) + \left(\frac{1}{4\cdot 5} + \frac{1}{6\cdot 7}\right) +$$

$$+ \left(\frac{1}{8\cdot 9} + \frac{1}{10\cdot 11} + \frac{1}{12\cdot 13} + \frac{1}{14\cdot 15}\right) + \ldots$$

und wird von BROUNCKER auch allgemein gewendet,

wodurch $ln\,(1 + x) - \frac{x}{1 + x}$ bzw. $x - ln\,(1 + x)$ in Form von (schlecht konvergierenden) Bruchreihen dargestellt werden kann.

Zweifelsohne ist BROUNCKERS rationale Darstellung der Hyperbelfläche besser als das irrationale Iterationsverfahren GREGORYS, wird jedoch durch die logarithmische Reihe $ln\,(1 + x) = \int\limits_0^x \frac{dt}{1 + t} = \sum\limits_{k=0}^{\infty} \frac{(-1)^k\, x^{k+1}}{k + 1}$ weit in den Schatten gestellt. Diese Reihe wurde — falls sie nicht schon in einer noch unveröffentlichten Studie des Schweizers SOUVEY über die Hyperbel enthalten sein sollte (erwähnt 1630) — erstmals von HUDDE (1656), dann von NEWTON (1665) entdeckt. Dritter (unabhängiger) Entdecker ist der Holsteiner N. MERCATOR (1620—1687), der schon 1660 nach England gegangen war, wo er in kümmerlichen Verhältnissen lebte. 1666 hatte er eine Vermutung von H. BOND (1649, erwähnt bei R. NORWOOD, 1657) präzisiert, die wir heute als $\int\limits_0^x \frac{dt}{cos\, t} = ln\, tg \left(\frac{\pi}{4} + \frac{x}{2}\right)$ schreiben.

Die *Logarithmotechnia* MERCATORS (VII 1668) enthält in ihrem ersten Teil eine rationale Logarithmenberechnung (s. I, S. 138) und im Zusammenhang damit ein Gefüge von logarithmischen Näherungsformeln, das mit $\sum\limits_{k=0}^{n} (-1)^k \binom{n}{k} log\,(a + kb) < 0 \quad (a, b > 1)$ gleichwertig ist. Das Hauptergebnis, die in Zusammenhang mit der Hyperbelfläche gebrachte logarithmische Reihe $\int\limits_0^x ln\,(1 + t)\, dt = \sum\limits_{k=0}^{\infty} \frac{(-1)^k\, x^{k+2}}{(k+1)\,(k+2)}$, die implizite aus der in Worten wiedergegebenen Formel hervorgeht, ist auf eine unzulängliche Infinitesimalbetrachtung gestützt. WALLIS ergänzt die Reihe für $ln\ \frac{1}{1-x}$ (VII 1668), MERCATOR selbst übernimmt MENGOLIS Bezeichnung „natürliche Logarithmen" und bestimmt aus seiner Reihe die natürlichen und (unter Anwendung des Moduls) die dekadischen Logarithmen der ersten Primzahlen.

Da HUYGENS von der Möglichkeit, π algebraisch darzustellen, überzeugt ist, lehnt er GREGORYS *Vera quadratura* ab (VII 1668). Im Verlauf der entstehenden heftigen Auseinandersetzung gibt GREGORY in den *Exercitationes geometricae* (X 1668) einen strengen geometrischen Beweis für die MERCATOR-Reihe und die Zusammenfassung $\int\limits_{-x}^{+x} \frac{dt}{1+t} = ln\ \frac{1+x}{1-x}$. Er fügt elegante Quadraturen der Konchoide und Kissoide bei, ferner $\int\limits_{0}^{x} tg\ t\ dt$ und $\int\limits_{0}^{x} \frac{dt}{cos\ t}$ und von ihm selbst später als irrig bezeichnete Näherungsformeln für diese Integrale. Außerdem gibt GREGORY sehr genaue Näherungen für den elliptischen und hyperbolischen Sektor, die er aus vielgliedrigen Linearkombinationen der f_k, F_k erzeugt. Sie zeigen, daß er allgemeine Funktionen $f(x)$ durch die Interpolationsreihe $f(0) + \binom{x}{1} \triangle f(0) + \binom{x}{2} \triangle^2 f(0) + \ldots$ darstellt. Mit dieser Entwicklung hängt der Ansatz zusammen, den GREGORY 1675 unter Weiterbildung der Methode von MERCATOR zur Extrapolation in Zahlentafeln geringer Argumentdifferenz (Logarithmentafel) verwendet:

$a_n \approx 2a_{n-1} - a_{n-2} \approx 3a_{n-1} - 3a_{n-2} + a_{n-3} \approx$ $\approx 4a_{n-1} - 6a_{n-2} + 4a_{n-3} - a_{n-4}$ usw. Insbesondere entwickelt er $y = \frac{\sin nt}{n \sin t}$ mittels $x = 2(1 - \cos t)$ durch Übergang zur Differentialgleichung $x(4 - x)\frac{d^2y}{dx^2} + 3(2 - x)\frac{dy}{dx} = (1 - n^2)y$ und fortgesetzte Differentiation in eine Reihe nach Potenzen von x, gewinnt dann aus $\int\limits_0^x \frac{\sin nt\, dn}{\sin t}$ stark konvergente Reihen zur Annäherung von π und findet die Binomialentwicklung von $\left(1 + \frac{x}{a}\right)^{p/q}$ (erkennbar aus dem Nachlaß, briefliche Mitteilungen seit 1670).

GREGORY ist also seit Ende 1668 im Besitz der sog. TAYLORschen Reihe, die er (noch ohne Restglied und Konvergenzbeweis) in schwierigeren Fällen durch Einführung passender rationalisierender Parameter ansetzt; die Einzelausführung ist jedoch schwerfällig und umständlich. Seit 1669 lehrt GREGORY in St. Andrews, seit 1674 in Edinburg. Er vereinfacht seine Darstellungsweise im Zusammenhang mit Andeutungen, die er von COLLINS über die neuesten Ergebnisse NEWTONS erhält, der schon seit Jahren zu interessanten Reihenentwicklungen vorgestoßen war.

I. NEWTON (1643—1727) ist der technisch interessierte, jedoch für die landwirtschaftliche Betätigung, zu der er ursprünglich bestimmt war, völlig ungeeignete nachgeborene Sohn eines Gutspächters aus Lincolnshire. Er studiert seit 1661 in Cambridge unter Anleitung eines *tutor* BARROW Philosophie. Den mathematischen Wissenschaften wendet er sich erst 1664 zu, da sein Lehrer — bereits als ausgezeichneter Kenner der antiken Klassiker bekannt und Verfasser einer geschickt verkürzten EUKLID-Bearbeitung (1655) — die mit geringen Verpflichtungen verbundene neu gestiftete LUCAS-Professur in Cambridge übernimmt und mit allgemeinen Einführungsvorlesungen (1664/66) einleitet.

NEWTON arbeitet die Schriften von OUGHTRED (1652), SCHOOTEN (1657), VIÈTE (1646), WALLIS (seit 1655) und die DESCARTESsche *Geometria* (1649, 1659/61) durch. Aus der WALLISschen *Arithmetica infinitorum* stammt die Anregung zur Untersuchung von $\int_0^x (1-t^2)^{n/2}dt$. NEWTON rechnet für gerade $n > 0$ aus und interpoliert für ungerade n, behandelt entsprechend auch $(1-x^2)^{n/2}$ und stellt durch formales Quadrieren die Richtigkeit der Entwicklung für $\sqrt{1-x^2}$ fest, die er außerdem durch formales Übertragen des Wurzelziehens von Zahlen auf Buchstaben gewinnt. Dieses letzte Verfahren baut er unter Verzicht auf das bedenklich erscheinende Interpolieren im Anschluß an das numerische Näherungsverfahren VIÈTEs zu einer allgemeinen Potenzreihen-Methode aus, nachdem es sich bei der Hyperbelquadratur als zweckmäßig erwiesen hatte (1664/65). Gleichzeitig bildet er FERMATs Tangentenmethode algorithmisch zweckmäßig um und verwendet sie bei Geschwindigkeitsbestimmungen.

Die Untersuchung über Funktionsveränderungen ist durch BARROWs Vorlesungen angeregt; in ihr werden Differentiationen durch Punkte, Integrationen gelegentlich durch Einschließen in Quadrate bezeichnet, doch legt NEWTON kein besonderes Gewicht auf die Bezeichnungsweise bei seinem symbolischen Algorithmus, den er schon zu Anfang auf Extremwert-, Tangenten-, Schwerpunkt- und Krümmungsbestimmungen, Quadraturen, Kubaturen, Rektifikationen und Komplanationen anwendet. Darüber hinaus stößt er zu den Grundgedanken der Gravitation und Farbenlehre vor. Er ist bereits an der für den Druck bestimmten Redaktion der *optischen Vorlesungen* BARROWS (1666/68) beteiligt.

Mit größtem Interesse verfolgen BARROW und NEWTON das Erscheinen der *Logarithmotechnia*, der *Geometriae pars universalis* und der zweiten Ausgabe von SLUSES *Mesolabum* (X 1668), der ein vorzüglich durchgearbeiteter dritter Teil über Infinitesimalprobleme an höheren Spiralen, W-Kurven und sonstigen algebraischen Kurven unter Verkürzung der Extremwertmethode RICCIS (1666) beigegeben ist. BARROW hält gerade seine *Lectiones geometricae* (1668/69), worin er unter Verarbeitung der gesamten einschlägigen Literatur eine rein geometrisch gehaltene Übersicht über die Infinitesimalprobleme gibt. Hier erscheint das charakteristische Dreieck und die rezeptartige Subtangentenbestimmung durch Division mit Weglassen höherer Glieder (gleichwertig mit $t\frac{\partial f}{\partial x} + y\frac{\partial f}{\partial y} = 0$) nebst Anwendung auf inverse Tangentenprobleme (einfache Differentialgleichungen). Besonders deutlich wird der inverse Charakter von Tangenten- und Quadraturproblemen hervorgehoben. Leider ist die Darstellungsweise so schwierig, daß das tiefgründige Werk erst nach Erfindung des Calculus auch für Fernerstehende zugänglich wurde — zu einem Zeitpunkt also, da es inhaltlich bereits überholt war.

Die von COLLINS stammende Nachricht (Ende 1668), MERCATOR habe in Fortsetzung seiner Studien Reihen zur Bestimmung des Sinus aus dem Winkel und umgekehrt gefunden (unzugänglich), veranlaßt NEWTON auf Drängen BARROWS hin, seine bisherigen Ergebnisse in der *Analysis* (1669, Druck 1711) zusammenzufassen. Diese Schrift enthält u. a. die Reihen für $\sin x$, $\arcsin x$, $\ln(1+x)$, e^x und den Ellipsenbogen und die Reihenumkehrung, ferner einen beachtlichen Beweisversuch unter Benutzung von geometrischen Reihen. Diese Abhandlung wird von COLLINS, der sie möglichst bald zum Druck befördern will, günstig beurteilt (VII 1669); ihre Ergebnisse werden (seit Ende 1669) in offiziellen Briefen an interessierte auswärtige Korrespondenten der *RS* angedeutet.

Im Herbst 1669 erhält BARROW einen Ruf nach London als Kaplan KARLS II. und wird 1670 zum *DD.* promoviert. Die bereits begonnenen Vorlesungen (wieder über Optik) werden von NEWTON, der auf Vorschlag BARROWS dessen Nachfolger wird, sogleich weitergeführt (1670/73). Auch an der Drucklegung der BARROWschen *Lectiones geometricae* ist NEWTON beteiligt.

Bei Durcharbeit des Textes vereinigt NEWTON die Tangentenregel mit der Potenzreihenmethode (1670). Er gibt (IV 1670) aus seinen Aufzeichnungen die Kreiszonenreihe $\int_0^x \sqrt{a^2 - t^2}\, dt$ preis, die nunmehr von COLLINS brieflich weitergegeben und von GREGORY (XII 1670) enträtselt wird. Auf COLLINS' Bitten hin gibt NEWTON (1670/71) rechnerisch brauchbare logarithmische Näherungslösungen für das Annuitätenproblem $ax^{n+1} + b = (a+b)\,x^n$, das GREGORY 1674 durch

Iteration behandelt, und für die Teilreihen $\sum_{k=1}^{n} \frac{a}{b+kc}$ der harmonischen Reihe. In der gleichzeitigen *Methodus* (Druck 1736) werden umfassende Quadraturmethoden mittels Reihen nebst zahlreichen geometrischen Anwendungsbeispielen gegeben, insbesondere auch Differentialgleichungen behandelt, wobei der Ansatz in unbestimmten Koeffizienten neu hinzukommt. Bedeutsam ist die Rückführung von Quadraturen auf Kreis- und Hyperbelflächen, die einer vollständigen Theorie der algebraischen Integrale $\int \mathfrak{R}(x, y)\, dx$ mit $y^2 = a_0 x^2 + a_1 x + a_2$ gleichkommt. Dazu tritt die kinematische Erzeugung algebraischer und transzendenter Kurven und die Behandlung von Rektifikations- und Krümmungsproblemen im Zusammenhang mit der Theorie der Evoluten.

1672 wird NEWTON in die *RS* aufgenommen und macht Mitteilungen über sein Spiegelteleskop und die Farbenlehre, wird jedoch in heftige Auseinandersetzungen mit in- und ausländischen Kritikern verwickelt, die ihn von der beabsichtigten Veröffentlichung der optischen Vorlesungen und der infinitesimalmathematischen Entdeckungen abschrecken. Auch die von MERCATOR ins Lateinische übersetzte *Algebra* KINCKHUYSENS (1661), die NEWTON mit ergänzenden Noten versehen hatte, bleibt ungedruckt. NEWTON beschränkt sich in den Vorlesungen auf einen allgemeinen Einführungslehrgang, die *Arithmetica universalis* (1673/84, Druck 1707), worin z. B. (in Erweiterung der Ansätze GIRARDS; s. I, S. 132) die Potenzsummen von Gleichungslösungen schrittweise aus den Koeffizienten bestimmt werden.

GREGORY teilt nach Aufklärung des Bildungsgesetzes der Kreiszonenreihe, die er zunächst vergeblich durch Kombination seiner Interpolationsreihen für π herzustellen versucht hatte, eine Fülle weiterer Reihen mit. Darunter befinden sich jene für $arc\, tg\, x$, $1 : cos\, x$, $ln\, tg\, x$, $ln\,(1 : cos\, x)$ und $\int_0^a \int_0^b \sqrt{1 - \left(\frac{x}{a}\right)^2 - \left(\frac{y}{b}\right)^2}\, dx\, dy$, ferner die Majorante

$$x + \frac{x^3}{3} + \frac{x^5}{5} + \cdots + \frac{x^{2n-1}}{2n - 1 - (2n+1)\,x^2} \text{ für } ln \sqrt{\frac{1+x}{1-x}}$$

und eine elegante Behandlung des schwierigen KEPLERschen Problems (s. I, S. 146), das erstmals von WREN (1658) vermittels einer verdehnten Zykloide rein geometrisch aufgelöst worden war. Interessant ist die Rektifikation der logarithmischen Kurve durch Rückführung auf die Hyperbelquadratur und durch direkte Reihenentwicklung.

Um den von seinem allgemeinen Ansatz herrührenden Unbequemlichkeiten bei der Auflösung von Gleichungen n-ten Grades (ohne 2. Glied) zu entgehen, greift GREGORY auf den von vielen Zeitgenossen übernommenen unrichtigen Gedanken von DULAURENS, einem wissenschaftlichen Außenseiter, zurück, der 1667 behauptet hatte, man könne alle Zwischenglieder einer Gleichung durch rein algebraische Operationen beseitigen. GREGORY multipliziert die Gleichung mit einer Form $n\,(n - 2)$-ten Grades, deren Koeffizienten er so zu bestimmen hofft, daß eine Gleichung $(n - 1)$-ten Grades in x^n entsteht. Er ist bei Gleichungen dritten und vierten Grades erfolgreich, scheitert jedoch bereits an den Rechenschwierigkeiten bei der Gleichung fünften Grades, die er noch nicht zu beurteilen vermag. Trotzdem ahnt er vieles von der GALOISschen Theorie richtig voraus.

Eine schöne Einzelleistung auf dem Gebiet der elementaren Zahlentheorie ist die mittels rationalisierender Parameter durchgeführte Auflösung des von Ozanam, einem Schüler Billys, herrührenden sog. 6-Quadrate-Problems: drei Zahlen u, v, w so zu bestimmen, daß ihre Summen und Differenzen zu je zweit immer Quadratzahlen ergeben (1675). Gregorys briefliche Mitteilungen an Collins über die gemachten mathematischen Entdeckungen bleiben unveröffentlicht und den Zeitgenossen unbekannt; ein von Collins zusammengestellter Auszug (1676) ist noch heute ungedruckt. Nicht einmal Gregorys Neffe David Gregory (1661—1708), dessen *Exercitatio geometrica* (1684) auf den Nachlaß des Onkels gestützt ist, hat den Sinn dieser Aufzeichnungen erfaßt, die erst seit 1939 im Druck zugänglich sind. Aus ihnen geht hervor, daß Gregory als ebenbürtiger Partner Newtons unabhängig von diesem und auf abweichendem Wege zu den nämlichen Ergebnissen gelangt ist und demgemäß als gleichberechtigter Mitentdecker der Potenzreihenmethode angesehen werden muß.

2. Erfindung des Calculus (1673—1677)

Die mathematische Hochleistung des Spätbarock ist die Erfindung des Calculus. Sie ist das ausschließliche Verdienst des Leipziger Professorensohnes G. W. Leibniz (1646—1716).

Leibniz verliert 1652 den Vater, 1664 die Mutter. Er studiert in Leipzig Philosophie, ist an mathematischen Gedankengängen besonders interessiert und geht deshalb im SS 1663 nach Jena, um den als Lehrer angesehenen, jedoch als Forscher unbedeutenden E. WEIGEL zu hören. 1664 nimmt er als *mag. art.* das Studium der Rechte auf, leitet 1664/65 zwei juristische Disputationen und 1666 eine mathematische (*Diss. de arte combinatoria*). Sie ist in Unkenntnis der einschlägigen neueren Literatur (PASCAL) verfaßt und zeugt von nur geringer fachlicher Vorbildung des Autors. Schon hier äußert LEIBNIZ Gedanken, die auf Erweiterung der formalen Logik im Sinne der modernen Logistik hinzielen.

In Leipzig wird LEIBNIZ bei der Meldung zum Doktorat mit fadenscheinigen Gründen zurückgewiesen und promoviert deshalb in Altdorf mit der *Diss. de casibus perplexis in jure*, schlägt jedoch die ihm angetragene akademische Laufbahn aus. Nach kurzem Aufenthalt in Nürnberg, wo er im Kreis der Rosenkreuzer verkehrt, geht LEIBNIZ nach Frankfurt, gewinnt die Gunst des vormals kurmainzischen Ministers J. CHR. V. BOINEBURG und tritt 1670 als juristischer und politischer Berater in den Dienst des Mainzer Kurfürsten F. PH. V. SCHÖNBORN. In dieser Eigenschaft kommt der rastlos literarisch Tätige voll von hochfliegenden Plänen (*consilium Aegyptiacum*) als Begleiter eines diplomatischen Unterhändlers nach Paris, wird jedoch nach dem plötzlichen Tod des Kurfürsten und seines Ministers (Frühjahr 1673) nicht mehr mit politischen Aufträgen für Mainz bedacht. Zu ernsthafter Vertiefung in die Mathematik, und zwar vor allem in infinitesimale Fragen, kommt es erst in Paris. Unter Einfluß der HOBBESschen *Elem. philos.* I (1655) versucht LEIBNIZ die EUKLIDische Fassung einiger Axiome umzugestalten. Bei Umbildung des Axioms vom Ganzen und vom Teil gelangt er selbständig zur Summierung von Zahlenreihen aus dem Differenzenschema. Im Gespräch mit HUYGENS

$$\begin{array}{ccccccc} & & & \frac{1}{1} & & & \\ & & \frac{1}{2} & & \frac{1}{2} & & \\ & \frac{1}{3} & & \frac{1}{6} & & \frac{1}{3} & \\ \frac{1}{4} & & \frac{1}{10} & & \frac{1}{10} & & \frac{1}{4} \\ & \cdot & & \cdot & & \cdot & \end{array}$$

(Ende 1672) behauptet er, alle unendlichen Zahlenreihen summieren zu können, wird mit dem Beispiel der reziproken Dreieckszahlen auf die Probe gestellt und findet deren Summe, alsbald auch die Summierung im nebenstehenden „harmonischen“ Dreieck, das er in Entsprechung zum arithmetischen Dreieck (s. I, S. 102) setzt. Während eines kurzen Aufenthaltes in London (24. I. – 20. II. 1673) wird Leibniz durch Oldenburg, mit dem er schon seit 1670 korrespondiert, in die *RS* eingeführt, führt ein noch unfertiges Modell seiner Rechenmaschine vor und verspricht voreilig, dieses in Kürze gangfähig zu machen. Unbedacht rühmt er die Methode der Reihensummierung vor Pell, einem der besten Kenner der damaligen Algebra, als etwas Neues, wird jedoch auf Mengoli und auf entsprechende Ansätze Regnaulds bei Mouton (1670) verwiesen und versagt beim Versuch, Teilreihen der harmonischen Reihe, die Reihe der reziproken Quadratzahlen und höherer Potenzzahlen zu summieren. Dank Oldenburgs Fürsprache wird Leibniz 1673 in die *RS* aufgenommen, jedoch von maßgeblichen Mitgliedern, wie Pell, Collins, Hooke, Newton als dilettierender Anfänger ohne hinreichende Selbstkritik und Literaturkenntnis angesehen. Diese Bewertung trifft für den Leibniz der Jahre 1673/74 zu. Sie wird irrtümlich von Newton und dessen Anhängern auch später festgehalten und ist die gefühlsmäßige Voraussetzung für das Verhalten der Engländer im Prioritätstreit.

Wieder in Paris, erkennt Leibniz erst bei erneutem Zusammentreffen mit Huygens das geringe Maß seines Fachwissens und das Lückenhafte seiner Vorstellungen vom Wesen der Mathematik. Von HUYGENS freundlich beraten, arbeitet er, der bis dahin auch mathematische Schriften nur obenhin zu überlesen pflegte, nunmehr das zum Geschenk erhaltene *Horol. osc.* (1673) sorgfältig durch, ferner Schriften von PASCAL (1659), FABRI (1659, 1669), GREGORIUS A S. VINCENTIO (1647), DESCARTES (Ausgabe von 1659/61) und SLUSE (1668) — nicht gerade Zeile für Zeile, jedoch mit zunehmendem Verständnis und kritischem Sinn, wobei sich alsbald kleinere, später bedeutende Neuentdeckungen einstellen.

Aus PASCAL lernt LEIBNIZ, wie sich $\int y\, ds$ am Kreis $y^2 = 2\,ax - x^2$ durch Vergleich des charakteristischen Dreiecks dx, dy, ds mit dem Normalendreieck y, $a - x$, a berechnen läßt. Durch Verallgemeinern findet er gleich HUYGENS (1657, Teilergebnisse im *Horol. osc.* III) die Komplanation von Drehflächen. Aus FABRI entnimmt er den Begriff des statischen Moments und die Orientierung der Achsen (X-Achse nach unten, Y-Achse nach rechts). Beim weiteren Studium PASCALs findet LEIBNIZ den Transmutationssatz (Frühjahr 1673): LEIBNIZ markiert auf der X-Achse den Ursprung O und stellt einen Bogen (des I. Quadranten) aus $y\,(x)$ durch angesetzte Applikaten in Parallelkoordinaten dar. Dann schneidet er die Y-Achse mit der Sekante durch zwei Bogenpunkte P_1, P_2 in T und die Parallele zur X-Achse durch T mit den Applikaten durch P_1, P_2 in Q_1, Q_2. Jetzt ist $\Delta\, OP_1\, P_2$ die Hälfte des zwischen den parallelen Applikaten von der X-Achse bis zu $Q_1\, Q_2$ reichenden Parallelogramms. Durch infinitesimalgeometrische Anwendung dieses Satzes ergibt sich die Sektorfläche $OP_1\, P_2$

(modern) als $\frac{1}{2}\int\limits_{x_1}^{x_2} t\,dx$. Dabei ist $t = y - x\,\frac{dy}{dx}$ die Länge der Applikatenseite des zugehörigen infinitesimalen Parallelogramms; $t\,(x)$ ist die sog. Quadratrix (Bezeichnung von LALOVERA, 1651).

Der Transmutationssatz stimmt in rechtwinkligen Koordinaten mit der von GREGORY (1668) und BARROW (1670) verwendeten Flächenberechnung aus $\frac{1}{2}\int r^2 d\varphi = \frac{1}{2}\oint (y\,dx - x\,dy)$ überein, ist jedoch bei LEIBNIZ affin aufgebaut und daher allgemeiner. Er wird von LEIBNIZ auf den Kreisbogen $y = \sqrt{2\,ax - x^2}$ $(0 \leqq x \leqq a)$ angewendet, liefert $t : a = x : y = y : (2\,a - x) = \sqrt{x} : \sqrt{2\,a - x}$ und führt auf die Versiera $2\,at^2 = x\,(a^2 + t^2)$ als Quadratrix. Die Fläche des Kreissegments zwischen 0 und x ist $\frac{1}{2}\int\limits_0^x t\,dx$, die des zugehörigen Kreissektors

$$\frac{1}{2}\,(ay + \int\limits_0^x t\,dx) = a\,\{t - \int\limits_0^t t^2\,dt : (a^2 + t^2)\}.$$

Das verbleibende Integral wird im Anschluß an MERCATORS *Logarithmotechnia*, die LEIBNIZ in London erworben und soeben durchgearbeitet hatte, durch Reihendivision und gliedweise Integration weiterbehandelt. Mit $x = a$ entsteht die berühmte alternierende Reihe für $\frac{\pi}{4}$, mittels deren LEIBNIZ die „arithmetische" Kreisquadratur leistet. Indem er weiterhin den ausgestreckten Kreisbogen $s = a\int\limits_0^x dx : y$

an die Ordinate y senkrecht nach oben ansetzt, erhält er die Zykloidenordinate. Die Quadratrix des Zykloidensegments ist $t = s$; also ist $ay - s\,(a - x)$ die doppelte Fläche des Zykloidensegments aus O. Folglich ist das Segment bis zum Punkt der Abszisse a rational.

Diese Ergebnisse gehen noch 1673 an Huygens, der von Leibniz die Nachprüfung des von Wallis stammenden unendlichen Produktes für $\frac{4}{\pi}$ und einen Entscheid über die Verbindlichkeit der Kreisquadratur Gregorys (1667) fordert. Leibniz müht sich vergeblich. Bei ergänzender Durcharbeit der anderen Schriften Gregorys von 1668, in denen er viele seiner für neu gehaltenen Ergebnisse wiederfindet, erhält er wertvolle Anregungen. Um diese Zeit bemächtigt er sich auch der Sluseschen Tangentenregel.

Nach glücklicher Vollendung der Rechenmaschine (Sommer 1674; Haupterfindung: Staffelwalze) erhält Leibniz durch Oldenburg, der sich auf Collins' Mitteilungen stützt, anfangs Andeutungen, später auch Einzelergebnisse aus damals noch ungedruckten Beiträgen Newtons und Gregorys zur Reihenlehre (1675/76). Er selbst arbeitet die ältere algebraische Literatur durch und stellt in selbständiger Nachentdeckung (erstmals Fermat 1661, damals ungedruckt) alle Gleichungen auf, die sich durch den Ansatz $x = \sqrt[n]{u + \sqrt{v}} + \sqrt[n]{u - \sqrt{v}}$ lösen lassen. Er findet die für die Zeitgenossen überraschende Identität $\sqrt{1 + \sqrt{-3}} + \sqrt{1 - \sqrt{-3}} = \sqrt{6}$ und ahnt, daß $f\,(x + iy) + f\,(x - iy)$ reellwertig ist. Andeutungen aus London über Versuche der Engländer zur Auflösung höherer Gleichungen (GREGORY; PELL; WALLIS, *Algebra*; NEWTON, *Arith. univ.*) führen ihn auf den Gedanken, die Gleichung $x^n - a_2x^{n-2} + a_3x^{n-3} - - a_4x^{n-4} \ldots \pm a_n = 0$ vermittels $x = y_1 + y_2 + \ldots + y_{n-1}$ auf die Hilfsgleichung $y^{n-1} - xy^{n-2} + b_3y^{n-3} - - b_4y^{n-4} \ldots \pm b_n = 0$ zu reduzieren. Er drückt die Potenzsummen s_p der Hilfsgrößen y_k (wahrscheinlich in Weiterführung des bei GIRARD Vorgefundenen; siehe I, S. 132) aus x und den b_k aus. Die Potenzsumme s_n beginnt mit $x^n - nb_{n-2}x^{n-2}$. Durch Identifizieren mit der Ausgangsgleichung ergeben sich die b_k und s_q rational aus den Koeffizienten a_r der Ausgangsgleichung. Was LEIBNIZ hierüber sehr zurückhaltend an OLDENBURG berichtet, nimmt trotz des irrtümlichen Ansatzes wiederum gruppentheoretische Vorstellungen voraus.

Im Mai 1675 trifft der Graf E. W. v. TSCHIRNHAUS (1651—1708) in London ein, wo er durch geschickte algorithmische Behandlung spezieller Probleme und Andeutungen über noch zurückgehaltene allgemeine Methoden zur Auflösung der Gleichung n-ten Grades den Ruf eines bedeutenden Algebraikers erwirbt.

TSCHIRNHAUS entstammt einem in der Niederlausitz begüterten sächsischen Adelsgeschlecht. Durch Hauslehrer wohl vorbereitet, besucht der vor allem mathematisch und naturwissenschaftlich Ansprechbare das Görlitzer Gymnasium und gerät beim Studium an der Universität Leiden (seit 1668) unter den Einfluß der DESCARTESschen Schule. Er ficht 1672 im Holländischen Krieg auf Niederländischer Seite gegen die Franzosen, kehrt jedoch 1673 zur Fortsetzung seiner großenteils autodidaktisch betriebenen

Studien nach Leiden zurück. In Amsterdam wird er mit Freunden SPINOZAS bekannt, wohl 1674 mit dem Philosophen selbst, mit dem er trotz abweichender Ansichten in freundschaftlichen Briefwechsel tritt. Nach kurzem Aufenthalt in der Heimat geht er wieder nach den Niederlanden und mit Empfehlungsschreiben SPINOZAS an OLDENBURG nach London. Er wird mit WALLIS in Oxford und mit COLLINS in London bekannt. PELL weigert sich, mit TSCHIRNHAUS zusammenzutreffen, um den Verdacht zu vermeiden, er habe fremde Anregungen verwendet. COLLINS berichtet in Briefen an GREGORY über TSCHIRNHAUS, der demnächst in den *PT* neuartige algebraische Ansätze geben wolle. Auch über BARROWS und NEWTONS Beiträge zur Infinitesimalmathematik wird gesprochen, jedoch legt TSCHIRNHAUS diesen Ergebnissen keinen besonderen Wert bei, da sie sich nicht auf die DESCARTESsche Präzisionsmathematik bezögen, sondern nur auf die Approximationsmathematik.

Im Herbst 1675 spricht TSCHIRNHAUS mit Empfehlungsbriefen OLDENBURGS bei HUYGENS und LEIBNIZ vor, wirft sich auf die Erlernung des Französischen und wirkt bei hochgestellten Persönlichkeiten als mathematischer Hauslehrer. Die Absicht, einen deutschen Prinzen auf Kavalierstour als Mentor zu begleiten, scheitert. LEIBNIZ erhält von TSCHIRNHAUS Bericht über Neuerscheinungen aus den Niederlanden und England. Er bemerkt TSCHIRNHAUS' Überlegenheit auf algorithmischem Gebiet, wendet sich erneut infinitesimalen Fragen zu und erfindet in Analogie zur algebraischen Zeichensprache den Calculus (Ende X 1675). Hierüber berichtet er Ende November, außerdem über Versuche zum Ausbau einer allumfassenden Begriffsschrift (*characteristica universalis*). TSCHIRNHAUS erkennt die Bedeutung des Gehörten keineswegs. Er hält seine eigenen, mit Ansätzen des GREGORIUS A S. VINCENTIO (s. I, S. 148/49) verwandten, jedoch rein formalen und unvollkommenen Methoden für wirksamer und veröffentlicht später (1682/83) Halbverstandenes aus diesen Unterredungen, vermischt mit hinzugefügten unrichtigen Behauptungen, als selbständige Entdeckungen. Diese vornehmlich in den 1682 gegründeten *Acta eruditorum* (= *AE*) erschienenen und nur mit D. T. signierten Aufsätze spielen im Prioritätstreit eine große Rolle. — TSCHIRNHAUS vermag zwar die Gleichung $x^3 + px + q = 0$ vermöge $y = x^2 + vx + w$ durch passende Wahl von v und w auf die reine Gleichung $y^3 = c$ zurückzuführen, ferner die Gleichung $x^4 + px^2 + qx + r = 0$ auf $y^4 + cy^2 + e = 0$. Sein allgemeiner Ansatz von 1676 (Druck: *AE* V 1683) wird jedoch (1676 ?) von LEIBNIZ schon im Fall der allgemeinen Gleichung 5. Grades als unwirksam erkannt.

Nach Erfindung des Calculus faßt LEIBNIZ in nachgelassenen Aufzeichnungen die Hauptergebnisse der Zeitgenossen auf infinitesimalem Gebiet geschickt zusammen. Er strebt die nach ROBERVALS Tod frei gewordene RAMÉE-Professur an, kommt jedoch als unerwünschter Ausländer nicht zum Zug und tritt, wenngleich ohne innere Neigung, als Bibliothekar und Rechtsberater in den Dienst des Hannöverschen Herzogs JOHANN FRIEDRICH. Noch in Paris sieht er zusammen mit TSCHIRNHAUS bei CLERSELIER den Nachlaß von DESCARTES. Beide studieren auch die nachgelassenen *Conica* PASCALS durch, die auf Grund des günstigen Gutachtens von LEIBNIZ von einem Drucker angenommen sein dürften, wo sie auf rätselhafte Weise zu Verluste gingen.

LEIBNIZ berichtet im Frühjahr 1676 an OLDENBURG über PASCALs Nachlaß und dessen Bedeutung (verschollen). Im Mai bezeichnet TSCHIRNHAUS DESCARTES als den großen und unübertroffenen Reformator auf mathematischem Gebiet (ungedruckt). Dieser Auffassung tritt COLLINS in einem langen Bericht entgegen. Dessen erster Teil, die sog. *Historiola* (ungedruckt), gibt eingehende Auszüge über das in GREGORYs Briefen Enthaltene, vor allem über dessen Beiträge zur Reihenlehre, dazu auch die Wiedergabe der NEWTONschen Tangentenmethode von 1672. Dieses englische Mskr., das wegen der Bezugnahme auf NEWTON nach Cambridge geht und nach dessen Vorschlag verändert wird, wird auf OLDENBURGs Wunsch hin entscheidend verkürzt (*Abridgement*). Diesem Schreiben sind Berichte über algebraische Ergebnisse von WALLIS, GREGORY und PELL beigegeben. Die Sendung ist für LEIBNIZ und TSCHIRNHAUS bestimmt. Sie will zeigen, daß die Engländer inzwischen weit über DESCARTES hinausgegangen sind. Ihr ist die Abschrift eines NEWTONschen Briefes vom 23. VI. 1676 an OLDENBURG beigegeben. Widerwillig, jedoch außerstande, sich der Aufforderung OLDENBURGs zu entziehen, gibt NEWTON eine Auswahl aus den Studien zur Reihenlehre, um sich die Priorität zu sichern, ohne doch Grundsätzliches preiszugeben. Die meisten der berührten Einzelprobleme, so vor allem die Ausführungen über die binomische Reihe, hängen mit dem in der *Historiola* Behandelten zusammen. Die von NEWTON gewählte Fassung erweckt im Leser den Eindruck, daß auch GREGORY durch NEWTON wesentlich übertroffen wurde.

LEIBNIZ erhält die nicht der Post anvertrauten, sondern persönlich überbrachten Papiere (abgesandt am 5. VIII.) aus London verspätet (24. VIII.). Er antwortet in Hast (27. VIII.), da er fürchten muß, wegen der Verzögerung in dunklen Verdacht zu geraten. Enttäuscht über NEWTONs Zurückhaltung, gibt er zwar, wie versprochen, die Reihe für $\frac{\pi}{4}$, jedoch nicht auf Grund der Transmutation, sondern der rationalisierenden Transformation $ay = tx$. Sehr knappe Äußerungen über die Reihen für $\sin x$ und e^x, die NEWTON als Plagiat an seinen eigenen Mitteilungen ansieht, werden erst aus dem (ungedruckten) Konzept des Briefes klar: Es lehrt, daß LEIBNIZ die Reihe für $y = e^x - 1$ aus dem Ansatz $y = x + \int_0^x y\,dx$ und die Reihe für $y = \cos x$ aus dem Ansatz $y = 1 - \int_0^x d\xi \int_0^\xi y\,dx$ entnommen hat — in Vorwegnahme des iterierten Ansatzes von CAUCHY und PICARD. LEIBNIZ deutet an, daß seine Allgemeinmethode auch bei Behandlung von Differentialgleichungen hilft, spricht von neuen Ergebnissen vermittels der Schwerpunktrechnung und von einem umfassenden physikalischen Prinzip (Erhaltung der Energie).

TSCHIRNHAUS antwortet am 1. IX. (Mskr.) mit speziellen algebraischen Belanglosigkeiten. Er ist fest davon überzeugt, daß sich alle mathematischen Größen auch ohne Übergang zu Reihen, nämlich durch eine endliche Zahl von Radikalschachteln darstellen lassen. OLDENBURG übersendet eine ihm am 10. X. zugegangene Erwiderung aus COLLINS' Feder (früher irrtümlich auf 1675 datiert), worin u. a. (auf Grund einer Anfrage bei WALLIS) die LEIBNIZ-Reihe für $\frac{\pi}{4}$ als bisher unbekannt bezeugt wird.

Newton äußert sich erst am 3. XI. (Brief an Oldenburg). Er schildert eingehend, wie er zuerst durch Interpolation, später durch Algebraisierung der numerischen Methode zur Entwicklung für $\sqrt{1-x^2}$ gekommen sei und dieses Verfahren schrittweise ausgedehnt habe. Dazu treten Andeutungen über die Berechnung algebraischer Funktionen vermittels des „analytischen Parallelogramms". Hinter Anagrammen aus vielen Buchstaben, die wegen der Mitverwendung neuer Fachworte (Fluente und Fluxion) unlösbar sein mußten, verbirgt er die allgemeine Tangenten- und Quadraturmethode. Er führt jedoch die Darstellung des binomischen Integrals $\int x^p (a + bx^q)^r dx$ in Reihenform vor (weitergehende Einzelheiten ausgeführt in der etwa gleichzeitigen *Quadratura curvarum*, die 1704 als Anhang zur *Optics* erschien) und gibt infinitesimalgeometrische Beispiele. Newton tadelt die schlechte Konvergenz der aus $\int_0^1 dx : (1 + x^2)$ herstellbaren Leibniz-Reihe und teilt Verbesserungen mit, darunter die aus $\frac{\pi}{4} = arc\ tg\ \frac{1}{2} + \frac{1}{2}\ arc\ tg\ \frac{4}{7} + \frac{1}{2}\ arc\ tg\ \frac{1}{8}$ folgende. Die Reihenumkehrung leistet er durch schrittweises Potenzieren, erläutert an der Umkehrung von $ln\,(1 + x)$. Eine ihm metaphysisch erscheinende Stelle in Leibniz' Brief (*ludus naturae* statt *hujus naturae*, Lesefehler von Collins in der an Newton gesandten Abschrift des Leibniz-Briefes) weist er scharf zurück und läßt durchfühlen, daß er die Korrespondenz abzubrechen wünscht.

Leibniz reist nicht direkt, sondern via London (Aufenthalt: 13.—29. X. 1676) über die Niederlande

(Besuch bei HUDDE) nach Hannover. Bei OLDENBURG hinterlegt er (unbedeutende) algebraische Mskr. und führt seine Rechenmaschine vor. Jetzt erst lernt er COLLINS persönlich kennen und erhält Einblick in die *Historiola*, in NEWTONS *Analysis* und in weitere mathematische Schriftstücke GREGORYS und NEWTONS. Er macht Auszüge (ungedruckt), die sich auf die Reihenlehre beziehen, nicht aber auf die Analysis, da LEIBNIZ hier in den Aufzeichnungen nichts Neues mehr findet.

NEWTONS zweiten Brief erhält LEIBNIZ in schlechter Abschrift erst Ende Juni 1677 und beantwortet ihn umgehend. Er fragt erneut wegen Einzelheiten der Reihenlehre an, findet jedoch rasch selbst, was gemeint ist, und gelangt nun selbständig zur Nachentdeckung des Ansatzes in unbestimmten Koeffizienten.

Mit OLDENBURGS Tod (1677) reißen die wissenschaftlichen Beziehungen zu England ab; vergeblich sucht LEIBNIZ in den nächsten Jahren nach einem fähigen und interessierten Partner, um die aufquellenden und ihn bedrängenden mathematischen Vorstellungen in förderndem Wechselgespräch zu formen und abzuklären. So rücken langsam anderweitige Aufgaben und Interessen in den Vordergrund. Später verbleibt nur wenig Zeit für fachmathematische Untersuchungen, die zumeist von außen angeregt sind. Das große zusammenfassende Werk — die *scientia infiniti* — bleibt in ungeordneten Vorarbeiten stecken, aber in Briefen, Abhandlungen und ungedruckten Aufzeichnungen finden sich wertvolle Gedanken, die moderne Grundvorstellungen der Axiomatik, der Logistik und der Analysis situs keimhaft vorwegnehmen.

Neben andern englischen Mathematikern geringerer Bedeutung wird vor allem der nunmehr 60-jährige WALLIS von COLLINS über die Auseinandersetzung zwischen LEIBNIZ und NEWTON orientiert. Er überblickt die fachlichen Einzelheiten nicht mehr in vollem Umfang, erkennt jedoch, daß hier Bedeutendes verhandelt wird. Auszüge aus NEWTONS Briefen nimmt er in das umfängliche Mskr. der *Algebra* (1676, englischer Druck: 1685, überarbeiteter lateinischer Druck: 1693) auf, die einen ausgezeichneten Überblick über die zahlreichen algebraischen Beiträge englischer Mathematiker liefert, jedoch den Leistungen nichtenglischer Autoren nicht die nötige Gerechtigkeit widerfahren läßt. Mit Einverständnis des Autors veröffentlicht WALLIS 1699 den vollen Wortlaut der beiden NEWTON-Briefe und mit LEIBNIZ' Zustimmung Auszüge aus dessen Briefen an OLDENBURG, ferner einige Stücke aus seiner eigenen Korrespondenz mit LEIBNIZ (1697/99). Dieser durch Lesefehler und (unabsichtlich) vorgenommene sinnentstellende Kürzungen beeinträchtigte Abdruck wird später im Prioritätstreit als Beweismaterial gegen LEIBNIZ herangezogen, ohne daß englischerseits auf die (größtenteils noch heute vorhandenen) Originalstücke zurückgegriffen worden wäre.

3. Ausbau der neuen Methoden (1677—1695)

Bewußt zieht sich NEWTON seit 1676 von öffentlichen Diskussionen zurück. Anlaß sind die Erfahrungen mit einsichtslosen Opponenten gegen die Farbenlehre, über die NEWTON 1672 an die *RS* berichtet hatte. Die von COLLINS unternommenen Versuche, die *Analysis* NEWTONS von 1669 zum Druck zu bringen, scheitern an den Folgen der Wirtschaftskrise, in der sich die

Londoner Verleger seit dem großen Brand von 1666 befinden. Auch LEIBNIZ hat keine richtige Publikationsmöglichkeit. Eine Note über die rationale Zykloidenquadratur (*JS* 1678) ist durch zahlreiche Druckfehler entstellt. Der Versuch, mit HUYGENS wieder ins Gespräch zu kommen, der 1678 nach zweijährigem Genesungsaufenthalt in den Niederlanden wieder in Paris weilt und sich vor allem mit mechanischen und optischen Fragen befaßt, scheitert. LEIBNIZ findet weder für die *characteristica geometrica* noch für transzendente Fragen Interesse, die mit algebraischen Problemen zusammenhängen, wie $x^x - x = 24$ (Druck: *JS* 14. VII. 1692). Ebensowenig geht HUYGENS auf LEIBNIZ' Tangentenbestimmung und auf die inverse Tangentenmethode ein (1679/80). Auch mit TSCHIRNHAUS kommt (1677/81) kein fördernder Gedankenaustausch zustande, da dem Partner der nötige mathematische Tiefenblick abgeht.

Einen Umschwung bringt das Jahr 1682. Der Leipziger Theologe O. MENCKE gewinnt LEIBNIZ und TSCHIRNHAUS als Mitarbeiter für die neugegründeten wissenschaftlichen Monatshefte, die *AE*. TSCHIRNHAUS geht nach Paris, wo er auf Grund seiner gesellschaftlichen Stellung und in Aussicht gestellter wissenschaftlicher Veröffentlichungen Mitglied der *Ac. sc.* wird und HUYGENS zum Freund gewinnt, der sich 1681 als Protestant der zunehmenden Bedrückung seiner Glaubensgenossen in Frankreich durch die endgültige Rückkehr nach den Niederlanden entzieht. In der Hoffnung auf eine festbesoldete Stelle bei der *Ac. sc.*, die er durch wissenschaftliche Veröffentlichungen zu gewinnen gedenkt, läßt TSCHIRNHAUS in den *AE* 1682/83 unausgereifte und unrichtig formulierte Aufsätze zur Auflösung höherer Gleichungen (TSCHIRNHAUS-Transformation), zur Tangenten- und Extremwertbestimmung und zur algebraischen Integration algebraischer Integrale erscheinen, in denen LEIBNIZsche Grundgedanken zur Infinitesimalmathematik ohne Nennung des Autors fälschlich dargestellt sind. Jetzt gibt LEIBNIZ in knappen Zusammenfassungen, die bewußt mehr verhüllen als andeuten, einige seiner Grundgedanken preis.

In den *AE* II 1682 teilt LEIBNIZ die Reihe für $\frac{\pi}{4}$ mit Andeutungen über die Konvergenz einer alternierenden Reihe, über die Methode der Reihensummierung aus dem Differenzenschema und das harmonische Dreieck mit. In den *AE* VI 1682 wird das Brechungsgesetz (mit Bezugnahme auf FERMAT) unter Hinweis auf die Methode der Differentialrechnung als Extremwertproblem behandelt. LEIBNIZ verweist auf den grundsätzlichen physikalischen Auffassungsfehler bei DESCARTES. Die *AE* X 1683 enthalten die sehr anschauliche Bestimmung des Barwertes einer vorzeitigen Zahlung bei Berechnung von Zinseszins. In den *AE* V 1684 setzt sich LEIBNIZ freundschaftlich mit TSCHIRNHAUS' vorgeblicher Methode zur algebraischen Quadratur algebraischer Kurven auseinander. Die TSCHIRNHAUSsche Behauptung, das (unbestimmte) Integral einer algebraischen Funktion müsse algebraisch sein, wenn ein einziges bestimmtes Integral dieser Funktion algebraisch sei, wird durch das Beispiel $y^4 - 6\,a^2\,y^2 + 4\,x^2\,y^2 + a^4 = 0$ widerlegt, wobei $\int_0^a y\,dx$ durch Streifenquadratur des HIPPOKRATischen Möndchens zwischen einem Viertelkreis und einem Halbkreis geleistet wird. LEIBNIZ weiß wohl aus LIONNE (s. I, S. 134), daß die Quadratur des ganzen Möndchens rational, die der Teilfiguren nicht algebraisch ist. TSCHIRNHAUS durchschaut anfangs nicht einmal das Beispiel LEIBNIZ'; im Grundsätzlichen beharrt er auf seiner Fehlmeinung und versucht die Verbindlichkeit der LEIBNIZschen Schlußweise durch Hinweis auf die Existenz unendlich vieler quadrierbarer Teile des Möndchens (Dreiecke mit zwei Bogenseiten) zu entkräften, die er vielleicht selbständig entdeckt hat (sie steht auch bei LIONNE). Die *AE* X 1684 enthalten die erste (durch Druckfehler entstellte) Mitteilung über die Differentialrechnung. Am Schluß wird angedeutet, daß das DEBEAUNEsche Problem $\frac{dy}{dx} = \frac{y}{a}$ durch eine logarithmische Kurve gelöst wird.

Inzwischen hat sich NEWTON eingehend mit der Bewegung der Himmelskörper befaßt. Seit 1684 trägt er in den Vorlesungen in Cambridge über seine Gedanken zur Gravitationstheorie vor. Das Mskr. dieses tiefgründigen Werkes, dessen Ergebnisse vermittels der Fluxionenrechnung gefunden, jedoch im Stil der antikisierenden BARROWschen Methode bewiesen sind, kommt 1687 unter dem Titel *Philosophiae naturalis principia mathematica* zum Druck. Dort findet sich in Buch I, *Lemma* 28 die Behauptung, es gebe kein Oval mit quadrierbarer Fläche. Wahrscheinlich hat NEWTON einen seiner Zuhörer, den Schotten J. CRAIG, zur Durcharbeit der von Infinitesimalproblemen handelnden Aufsätze in den *AE* ermuntert, die anonym erschienen und nur im Inhaltsverzeichnis durch Anfangsbuchstaben gekennzeichnet sind. CRAIG vermutet LEIBNIZ als den Autor sowohl der TSCHIRNHAUSschen wie der LEIBNIZschen Beiträge. Er wundert sich über die erstaunlichen Widersprüche in diesen Veröffentlichungen und versucht (vergeblich) in der 1685 erschienenen *Methodus* (deren Mskr. NEWTON vor der Drucklegung angesehen hatte), das zur Diskussion stehende Problem der Quadratur algebraischer Kurven zu lösen. Hier wird LEIBNIZ scharf angegriffen. Vor allem wird behauptet, LEIBNIZ habe seine Infinitesimalmethoden aus BARROW entnommen, ohne des Mentors zu gedenken. Im nämlichen Jahr kommt auch die WALLISsche *Algebra* mit den Auszügen aus NEWTONs Briefen des Jahres 1676 heraus.

LEIBNIZ setzt sich in den *AE* VI 1686 energisch zur Wehr. Er schildert in groben Umrissen die mathematischen Studien in Paris. Die BARROWschen *Lectiones* (die er 1673 in London erworben hatte) habe er erst durchgearbeitet, n a c h d e m er die entscheidenden Entdeckungen gemacht habe (die noch ungedruckten Aufzeichnungen bestätigen dies; außerdem wäre BARROWs schwierige Darstellungsweise dem Anfänger LEIBNIZ noch unzugänglich gewesen). Hier findet sich der Transzendenzbeweis für $\int \sqrt{a^2 \pm x^2}\, dx$: wären diese (unbestimmten) Quadraturen algebraisch ausführbar, dann gäbe es eine für alle Zahlen n gültige Konstruktion zur n-Teilung eines Winkels bzw. zur Bestimmung der n-ten Potenzen. An späterer Stelle wird betont, daß sich die Tangentenmethode der Differentialrechnung auch auf transzendente Kurven bezieht. Dem Differentiationsprozeß d steht der Summenprozeß $\int$ (erstmals dieses Zeichen im Druck) gegenüber. Wie er geometrisch verwendet werden kann, zeigt das Beispiel der durch eine geometrische Überlegung am Einheitskreis entwickelten Zykloiden-Ordinate:

$$y = \sqrt{2x - x^2} + \int_0^x dx : \sqrt{2x - x^2}.$$

In NEWTONS *Principia* wird LEIBNIZ' Name nur nebenher erwähnt. Er findet sich insbesondere in Buch I, *Lemma* 11, *Scholium* der Originalausgabe. Hier verweist NEWTON auf die 1676 mit LEIBNIZ gewechselten Briefe und bemerkt, dieser habe nach Erhalt der Andeutungen in den Anagrammen über die Fluxionenmethode sein eigenes, nur in Benennungen und Bezeichnungen von dem NEWTONS unterschiedenes Verfahren mitgeteilt. Damit stempelt NEWTON LEIBNIZ in versteckten Worten zum Zweitentdecker; Zweitentdecker haben jedoch nach seiner Meinung kein Anrecht auf gemachte Erfindungen (Bemerkung NEWTONS vom 29. V. 1716 zum Brief LEIBNIZ' an CONTI vom 9. IV. 1716). In der von COTES in Zusammenarbeit mit NEWTON redigierten zweiten Ausgabe der *Principia* (1713) wird hinzugefügt, auch die Vorstellungen über die Entstehung der (infinitesimalen) Größen seien verschiedenartig. Das ist keine Milderung, sondern eine Verschärfung; denn NEWTON glaubt mit seiner (noch unzureichenden) Lehre von den „letzten Verhältnissen" beim Übergang von endlichen zu infinitesimalen Größen eine bessere Begründung für den Begriff des Differentialquotienten gefunden zu haben als LEIBNIZ. In der unter Mitwirkung PEMBERTONS herausgegebenen dritten Auflage (1726) wird LEIBNIZ nicht mehr erwähnt. Wohl aber findet sich ein Hinweis auf den Brief an COLLINS vom 20. XII. 1672, der NEWTONS Tangentenmethode enthält. — Die *Principia* werden zwar von den fachkundigen Zeitgenossen als eine bedeutende Leistung anerkannt, finden jedoch keineswegs volle Zustimmung. So versucht LEIBNIZ in den *AE* II 1689 eine „bessere“ (in Wirklichkeit fehlerhafte) Herleitung der KEPLERschen Gesetze zu geben. HUYGENS fügt dem *Traité de la lumière* von 1690 (Ausarbeitung der schon um 1672 konzipierten Wellentheorie des Lichtes) den gegen NEWTON gerichteten *Discours de la cause de la pesanteur* (Vorstudien seit 1667) bei.

Wenige Wochen vor den *Principia* erscheint TSCHIRNHAUS' *Medicina mentis*, ein in Deutschland ziemlich viel gelesenes Werk vor allem logischen und erkenntnistheoretischen Inhalts, worin Gedankengänge von DESCARTES und SPINOZA weitergebildet werden. TSCHIRNHAUS will lehren, wie man, gestützt auf innere Erfahrung, zu neuen Erkenntnissen vordringen kann. Er illustriert sein Vorgehen des öfteren an Hand infinitesimalmathematischer Beispiele, gibt jedoch auf Grund unzulässiger Verallgemeinerungen Unrichtiges, z. B. Tangentenkonstruktionen für „Fadenkurven“, die durch Bewegen eines Punktes entstehen, der ein einfaches oder mehrfach verschlungenes Seilvieleck spannt. Sogleich erhebt der Schweizer Protestant N. FATIO DE DUILLIER (1664—1753) Einspruch; auch HUYGENS und LEIBNIZ rügen TSCHIRNHAUS' Irrtum.

FATIO studiert zunächst in Genf, dann 1682/86 in Paris bei CASSINI vor allem Astronomie. Er gewinnt HUYGENS im Anschluß an einen Besuch im Haag (IX 1686) zum Korrespondenten und Freund, tritt 1687 auch mit NEWTON in enge wissenschaftliche Beziehungen, wird 1688 Mitglied der *RS* und behauptet um diese Zeit HUYGENS gegenüber, er könne inverse Tangentenprobleme direkt, also ohne Integration, behandeln. Unter seinem Einfluß verhält sich HUYGENS dem LEIBNIZschen Calculus gegenüber ablehnend. FATIO erklärt NEWTON als den ersten, LEIBNIZ als den von NEWTON abhängigen Zweitentdecker der höheren Analysis (brieflich 1691, im Druck 1697). Diese Bemerkung löst die entscheidende Phase des Prioritätstreites aus. Letzte mathematische Leistung FATIOs ist die Behandlung des Brachystochronenproblems (1699). Nach mehrjährigem Aufenthalt in Genf 1704 nach England zurückgekehrt, gerät FATIO in den Bann sektiererischer Wunderpropheten, wird ins Gefängnis geworfen und an den Pranger gestellt und stirbt verarmt und verlassen.

Schon in den *AE* VII 1684 handelt LEIBNIZ vom elastischen Widerstand eines beschwerten Balkens. In den *AE* I 1689 untersucht er den Fall im widerstehenden Mittel. Mit dem Aufsatz in den *AE* III 1686 beginnt die langwierige Diskussion mit einem unbelehrbaren wissenschaftlichen Außenseiter, dem Pariser Abbé CATELAN, über das zweckmäßigste Kraftmaß. In deren Verlauf fordert LEIBNIZ (IX 1687) die Bestimmung jener Kurve, auf der sich ein im Schwerefeld fallender Körper mit konstanter Geschwindigkeit nach unten bewegt (LEIBNIZsche Isochrone). Sogleich gibt HUYGENS die Lösung. LEIBNIZ bestätigt sie in den *AE* IV 1689, jedoch noch ohne Verwendung infinitesimaler Hilfsmittel.

Kurz darauf gibt der Basler Mathematikprofessor JAK. BERNOULLI (1655—1705) in den *AE* V 1690 eine Analyse vermittels der Differentialrechnung. Hier wird erstmals das von JOH. BERNOULLI (1667 bis 1748), dem jüngeren Bruder JAK. BERNOULLIS, stammende Fachwort Integral im Druck verwendet.

JAK. BERNOULLI ist der älteste Sohn eines vermöglichen Basler Großhändlers und Ratsherrn. Zum Theologen bestimmt, bildet er sich als Autodidakt an elementaren Werken vorzugsweise der angewandten Mathematik weiter, wird mit Schriften von DESCARTES und MALEBRANCHE bekannt und verfaßt eine (unrichtige) Kometentheorie (1681, 1682). Auf einer Reise nach den Niederlanden (1681/82) und nach London (Sommer 1682) wird JAK. BERNOULLI mit führenden Naturwissenschaftlern seiner Zeit bekannt. Er arbeitet die DESCARTESsche *Geometria* (1659/61) und Schriften von WALLIS (1656, 1659), SCHOOTEN (1657) und BARROW (1659, 1670) durch, schreibt über die Gravitation des Äthers (1682) und liest in Basel ein Kolleg über Mechanik fester und flüssiger Körper mit Demonstrationen. Seit 1677 trägt er Studien und wissenschaftliche Entwürfe in ein aufschlußreiches Tagebuch (noch ungedruckt) ein. JAK. BERNOULLI bildet die HUYGENSschen Studien über das Glücksspiel (Druck 1657) zu einer umfassenden und tiefgreifenden Theorie aus (Druck aus dem Nachlaß 1713). Deren Hauptsatz, das (erste) Gesetz der großen Zahlen, stammt spätestens vom Sommer 1689.

1687 erhält JAK. BERNOULLI die durch Tod freigewordene Basler Mathematikprofessur. Schon seit Jahren hatte er den jüngeren Bruder, der aus der Handelslehre entlaufen war, jedoch dem Vater nur die Erlaubnis zum Studium der Medizin hatte abringen können, in die mathematischen Wissenschaften eingeführt. Jetzt wendet sich JAK. BERNOULLI Ende 1687 an LEIBNIZ (der damals genealogischer Studien halber in Italien weilte) um Auskunft über Unklarheiten in der mechanischen Abhandlung der *AE* VII 1684. Er erhält jedoch LEIBNIZ' Antwort (1690) zu einem Zeitpunkt, da er sich zusammen mit JOH. BERNOULLI der auf physikalische Fragen anwendbaren Infinitesimalmethoden durch intensives Studium der einschlägigen älteren Literatur und der neuen LEIBNIZschen Aufsätze bereits selbständig zu bemächtigen gewußt hatte (Einzelheiten unbekannt).

In kritischer Auseinandersetzung mit der WALLISschen *Ar. inf.* (1657) erfindet JAK. BERNOULLI das Verfahren der vollständigen Induktion nochmals (*AE* IX 1686), bedient sich jedoch auch später häufig formaler Verallgemeinerungen, ohne streng zu beweisen. Er bezwingt das Problem achten Grades, die Fläche eines allgemeinen Dreiecks durch zwei zu einander senkrechte Gerade zu vierteln (*AE* XI 1687; ähnlich auch von HUYGENS 1673 gelöst, erst aus dem Nachlaß bekannt). Ferner vereinfacht er die graphischen Methoden von DESCARTES zur Gleichungsauflösung durch geschickte Wahl der Hilfskurven (*AE* VI 1688), ohne jedoch die in ähnlicher Richtung gehenden Studien FERMATS (Drucke 1658, 1679) zu kennen.

Die erste Reihendissertation JAK. BERNOULLIS (1689) zeugt von geringer Literaturkenntnis, jedoch großem Erfindungsreichtum. Sie enthält die sog. BERNOULLIsche Ungleichung $(1 + x)^n > 1 + nx$ (für $x > 0$; n ganz, > 1; ohne Namensnennung aus BARROW 1670 entnommen). Dazu treten Divergenzbeweise für die harmonische Reihe und Summenformeln für die reziproken figurierten Zahlen, ferner die Entwicklungen für $1 : (1 - x)^2$, $1 : (1 - x)^3$, $1 : (1 - x)^4$, jedoch ohne Kenntnis der binomischen Reihe NEWTONS (aus WALLIS 1685 zugänglich). Beachtlich ist auch das in den *AE* V 1690 behandelte Problem der Augenblicksverzinsung (e-Funktion).

Am Ende der Abhandlung V 1690 stellt JAK. BERNOULLI das Problem der Kettenlinie, das sich vielleicht erst im Zusammenwirken mit dem im

Mathematischen bereits selbständigen, formal sehr geschickten, rasch auffassenden und gedankenreichen Bruder herauskristallisiert hat. Es wird sogleich von LEIBNIZ gelöst (Schwerpunkteigenschaft in Integralform, Verwendung der logarithmischen Funktion und Kurve), ferner von HUYGENS (Ansatz aus geometrischen Betrachtungen, die auf Verwendung des Tangentenwinkels τ als Parameter hinauslaufen) und von JOH. BERNOULLI (aus $dy : dx = a : s$ mit geometrischen Hilfsbetrachtungen als Ersatz für die logarithmische Funktion, die er damals noch nicht kannte). Diese Lösungen sind hintereinander in den *AE* VI 1691 abgedruckt.

In den *AE* I und VI 1691 findet sich JAK. BERNOULLIS erste selbständige Abhandlung zur Infinitesimalmathematik. Der erste Teil handelt von den Tangenten, von der Quadratur und Rektifikation (elliptisches Integral mit kennzeichnender Argument-Transformation) der parabolischen Spirale $x = a\varphi$, $y = a - r$, $cx = y^2$ mit zusätzlichen Beiträgen über Krümmung und Evolute. Der zweite Teil bezieht sich auf die Rektifikation und Sektorfläche der logarithmischen Spirale und auf die Kugelloxodrome. JAK. BERNOULLI verwendet jedoch weder hier noch später Polarkoordinaten, sondern rechnet stets auf Grund geometrischer Hilfsüberlegungen unter Verwendung Cartesischer Koordinaten. Da er den Begriff der logarithmischen Funktion ebensowenig kennt wie JOH. BERNOULLI, stellt er die Gleichung der logarithmischen Spirale in differentieller Form dar. Anschließend behandelt er die Form einer unausdehnbaren Kette mit veränderlicher Seildicke und einer dehnbaren Kette bei fester Seildicke. Vom Auftreten der parabolischen Spirale bei GREGORY (1668) und SLUSE (1668) weiß er nichts. Die unglückliche und sachlich ungerechtfertigte Bemerkung, im Grunde sei LEIBNIZ' Calculus durch Algorithmisierung aus BARROW (1670) hervorgegangen, wird im Prioritätstreit hämisch gegen LEIBNIZ verwendet.

In gleichzeitigen Aufzeichnungen gewinnt JAK. BERNOULLI durch unvollständige Induktion aus der binomischen Reihe die Exponentialreihe (Druck: 5. Reihendissertation von 1704; ähnlich bei HALLEY: *PT* 19, Nr. 216 für III/V 1695) und die Cosinus-Reihe (Druck: *Histoire et Mém. Ac. sc.* Paris 1702), findet jedoch diese Ergebnisse in der LEIBNIZschen Abhandlung *AE* IV 1691 vor. Dort wird außerdem auch die Arcustangens-Reihe und die Kugelloxodrome behandelt (Auszüge aus der noch ungedruckten Schrift von 1676 über die arithmetische Kreisquadratur).

Inzwischen hat JOH. BERNOULLI das medizinische Studium mit Erwerb der Lizentiatenwürde abgeschlossen. Er geht Anfang 1691 zur Vertiefung seiner französischen Sprachkenntnisse nach Genf, wo er den Ingenieur J. CHR. FATIO (1656–1720), den älteren Bruder N. FATIOs, in die Differentialrechnung einführt und sich weiter in der infinitesimalen Rechentechnik vervollkommnet. U. a. bestätigt er die LEIBNIZschen Reihen aus den *AE* IV 1691 durch rationalisierende Integraltransformation. Im Spätherbst 1691 reist JOH. BERNOULLI weiter nach Paris, macht dort im mathematisch stark interessierten Kreis um MALEBRANCHE besten Eindruck und findet sich bereit, den Marquis G. FR. DE L'HOSPITAL (1661–1704) in Privatunterweisung in die höhere Analysis einzuführen (Vortragshefte in späterer Abschrift erhalten und ediert).

L'HOSPITAL ist für die militärische Laufbahn bestimmt, muß ihr jedoch wegen hochgradiger Kurzsichtigkeit entsagen und widmet sich nunmehr, von dem im Mathematischen wohl beschlagenen und auch mit LEIBNIZ in Verbindung stehenden MALEBRANCHE bestens beraten, ganz den mathematischen und mechanischen Lieblingsstudien zu. Seit 1690 steht er mit HUYGENS in Briefwechsel, studiert die ersten Mitteilungen LEIBNIZ' zur höheren Analysis, dringt jedoch erst unter JOH. BERNOULLIS Anleitung, die im Briefwechsel (seit 1692) fortgesetzt wird, in die Kerngedanken ein. Das Erhaltene gestaltet er mit geschickter Hand zu einem seinerzeit vielgerühmten und oft aufgelegten Lehrbuch der Differentialrechnung aus, das auch selbständige Beiträge enthält (Erstdruck 1696), jedoch den mitwirkenden Anteil des nur nebenher erwähnten JOH. BERNOULLI, den der Marquis durch erhebliches Unterweisungshonorar als abgefunden ansieht, nicht erkennen läßt.

In Berichtigung einiger Behauptungen TSCHIRNHAUS' und Erweiterung beachtlicher Allgemeinsätze LEIBNIZ' (*AE* I 1689) studieren die Brüder BERNOULLI in freundschaftlichem Wettstreit die Grundeigenschaften der kata- und diakaustischen Linien (*AE* I, III, V 1692 + VI 1693). Dabei findet JAK. BERNOULLI wichtige Darstellungsformen für den Krümmungsradius (*theorema aureum*) und veranlaßt LEIBNIZ zur Zurücknahme der Fehlmeinung (*AE* VI 1686), der Krümmungskreis habe vier konsekutive Punkte mit der Kurve gemein. Jetzt deutet LEIBNIZ (*AE* IV 1692) an, wie die Enveloppe einer Kurvenschar bestimmt wird (Ausführung mit Musterbeispiel: *AE* VII 1694; Koordinatenbestimmung der Krümmungsmittelpunkte und der Evolute: *AE* VIII 1694).

VIVIANIS Aufgabe, aus der krummen Oberfläche einer Halbkugel vier kongruente Fenster so herauszubrechen, daß die Rest-Oberfläche elementar quadrierbar ist (Florentiner Problem, Flugblatt V 1692) wird von L'HOSPITAL (verschollen), LEIBNIZ (*AE* VI 1692), JAK. BERNOULLI (*AE* VIII 1692), JOH. BERNOULLI (verschollen), HUYGENS (Aufzeichnung vom 27. X. 1692), WALLIS (*PT* 17, Nr. 197 für I 1693), D. GREGORY (*PT* 19, Nr. 207 für I 1695) und G. GRANDI (1699) behandelt.

Schon 1638 hatte DEBEAUNE von DESCARTES die Behandlung inverser Tangentenaufgaben gefordert, die auf logarithmische Funktionen führen. DESCARTES entdeckte die kennzeichnende Tangenteneigenschaft (Brief vom 20. II. 1639), LEIBNIZ den Zusammenhang mit der logarithmischen Kurve (Aufzeichnung VII 1676). L'HOSPITAL veröffentlicht die von JOH. BERNOULLI auseinandergesetzte Behandlung des einen dieser Probleme, das auf $\frac{dx}{dy} = \frac{a}{y-x}$ führt, mit geringfügigen selbständigen Zusätzen als eigene Entdeckung (*JS* 1. IX. 1692), JOH. BERNOULLI macht jedoch (*AE* V 1693 + II 1696) seine Autorschaft geltend. Hingegen scheint L'HOSPITAL selbständig (ohne Kenntnis der Lösung J. GREGORYS) zur Rektifikation der logarithmischen Kurve gelangt zu sein (Sommer 1692), die auf HUYGENS und LEIBNIZ großen Eindruck macht. HUYGENS zeigt L'HOSPITALS Entdeckung zusammen mit einer Studie über die Traktrix an (*Hist. ouvr. sçavans* II 1693), nicht ahnend, daß JAK. BERNOULLI diese Kurve schon zwei Jahre früher ebenfalls erfolgreich behandelt hatte (ungedruckt). LEIBNIZ führt die DEBEAUNEsche Aufgabe als Beispiel für die Methode der unbestimmten Koeffizienten an, die er in den *AE* IV 1693 durch Herstellung der logarithmischen, der exponentiellen und der Cosinus-Reihe aus deren Differentialgleichungen illustriert. Auf die Traktrix, deren Gleichung er schon in Paris aufgestellt und gelöst hatte, geht er in den *AE* IX 1693 ein. Die Brüder BERNOULLI verallgemeinern, indem sie fragen, auf welcher Kurve durch den Ursprung O das Tangentenstück PT bis zum Schnitt mit der Abszissenachse zum Abschnitt OT der Abszissenachse in konstantem Verhältnis steht (Fragestellung JOH. BERNOULLIS: *AE* V 1693; Lösung JAK. BERNOULLIS: *AE* VI 1693; LEIBNIZ': Verallgemeinerung *AE* VII 1693 + VII 1694 + *JS* 23. VIII. 1694; Lösung L'HOSPITALS: *AE* IX 1693, erweitert *AE* V 1694; Äußerungen HUYGENS' mit erstmals lobender Erwähnung der LEIBNIZschen Differentialrechnung: *AE* X 1693; HUYGENS' instrumentale Lösung zusammen mit der Entdeckung der Spitze: *AE* IX 1694).

In der zweiten Reihendissertation (1692) gibt JAK. BERNOULLI beachtliche Reihentransformationen durch additive bzw. subtraktive Zusammenfassung passender Glieder unbedingt konvergenter Zahlenreihen, nimmt jedoch auch unzulässige Verallgemeinerungen an bedingt konvergenten Reihen vor. Beigefügte Zusätze zeigen, daß er gerade an der Klassifikation der Kurven dritter Ordnung arbeitet (ungedruckt). Der inzwischen nach Basel zurückgekehrte JOH. BERNOULLI leitet 1693 eine logische Disputation und wird im Frühjahr 1694 mit einer berühmten Arbeit über die

Muskelbewegung zum *Dr. med.* promoviert, die sich auch kritisch mit STENSENS *Myologie* (1667) und BORELLIS umfangreicher Schrift über die Bewegung der Tiere (1680) auseinandersetzt.

Um diese Zeit entsteht die endgültige Fassung des großen Aufsatzes über die elastische Kurve (Druck *AE* VI 1694), den JAK. BERNOULLI seit der Ersterwähnung in den *AE* VI 1691 mehrfach angekündigt hatte. Ausgangspunkt ist die Annahme, daß die Dehnung eines (breitelos gedachten) elastischen Bandes bei Belastung proportional zur Kurvenkrümmung ist ($2\varrho x = a^2$, also bei spezieller Wahl der Integrationskonstanten:

$$y = \int_0^x x^2\,dx : \sqrt{a^4 - x^4}\,, \quad s = \int_0^x a^2\,dx : \sqrt{a^4 - x^4}).$$

Endergebnis ist eine allgemeine Theorie, bei der an Stelle von x eine willkürliche Funktion von x tritt. Besonderes Interesse erweckt die Abschätzung der Integrale $\int_0^1 dx : \sqrt{1 - x^4}$ und $\int_0^1 x^2\,dx : \sqrt{1 - x^4}$ unter Verwendung der summierbaren Vergleichsreihe für $\int_0^1 x^3\,dx : \sqrt{1 - x^4}$. Die Ergebnisse sind nur angedeutet; die Ableitungen finden sich in den (z. T. gedruckten) Aufzeichnungen und am Ende der fünften Reihendissertation (1704). Außerdem behandelt JAK. BERNOULLI in den *AE* VI 1694 die von LEIBNIZ seit der Problemstellung in den *AE* IV 1689 mehrfach wiederholte Aufgabe, jene Kurve zu bestimmen, auf der sich ein Massenpunkt im Erdfeld mit fester Geschwindigkeit gegenüber einem festen Punkt bewegt (*isochrona paracentrica*). Er führt sie auf das elliptische Bogenintegral der elastischen Kurve zurück; in den

AE IX 1694 benutzt er statt dessen die Rektifikation der Lemniskate (aus dem Griechischen: wollenes Band) $(x^2 + y^2)^2 = a^2 (x^2 - y^2)$, deren sich (unabhängig von Jak. Bernoulli) auch Joh. Bernoulli (*AE* X 1694) bedient. Dort findet sich auch Leibniz' eigene Lösung durch Rektifikation einer komplizierteren algebraischen Kurve und Huygens' Hinweis auf die Existenz spiralförmiger Lösungen.

Im Mai 1694 dürfte eine Note l'Hospitals erschienen sein, worin am Beispiel der Wendespitzparabel $a^2 y^3 = x^5$ gezeigt wird, daß entgegen der Behauptung Jak. Bernoullis (*AE* III 1692) und Leibniz' (*AE* IX 1692) im Wendepunkt einer Kurve neben $\varrho = \infty$ auch $\varrho = 0$ möglich ist. Jak. Bernoulli gesteht seinen Irrtum in den *AE* IX 1697 zu. Dort erklärt er den Sachverhalt an l'Hospitals Beispiel durch Grenzübergang mit $t \to 0$ aus der die Singularität auflösenden Kurve $a^2 y^3 = x^6 - t^2 x^3$.

Seit Ende 1693 steht Joh. Bernoulli mit Leibniz in ausgedehntem Briefwechsel. Geschickt weiß sich Bernoulli mit einem zierlichen Ergebnis der Pariser Zeit, dem Exponentialkalkül (Druck: *AE* III 1697), einzuführen, der die Gestalt der Kurve $y = x^x$ und die Reihenbestimmung für $\int_0^1 y\,dx$ liefert. Sogleich folgt die Bernoullische Reihe $\int_0^x y\,dx = xy - \frac{1}{2!} x^2 y' + \frac{1}{3!} x^3 y'' \pm \ldots$ (Brief vom 12. IX. 1694; Druck: *AE* XI 1694). Jetzt teilt Leibniz Ergebnisse der Pariser Zeit mit, die mit dem Taylorschen Lehrsatz gleichwertig sind (Brief vom 16. XII. 1694). In der nachfolgenden Diskussion entwickelt Leibniz

1695 die Grundzüge des symbolischen Kalküls (Druck unter Beschränkung auf Differentialformen: *Misc. Berol.* 1, 1710) und dringt am Beispiel $y' = y : a$ bis zur Differentiation und Integration mit gebrochenem Index vor. Eine geringfügige Abänderung der durch fortgesetzte partielle Integration gefundenen Formeln hätte zur Reihenentwicklung mit abschätzbarem Restglied führen können — ein Gedanke, der im Brief L'HOSPITALs an JOH. BERNOULLI vom 16. V. 1693 auftaucht, jedoch wirkungslos bleibt.

Schon seit Jahren besteht zwischen den Brüdern BERNOULLI dank der Empfindlichkeit des Älteren und des übersteigerten Geltungsbedürfnisses des Jüngeren eine gewisse Spannung. Sie wird durch übelwollende Zwischenträger geschürt; vergeblich suchen wohlmeinende Freunde, wie L'HOSPITAL und LEIBNIZ, ausgleichend zu wirken. Auf gedruckte Taktlosigkeiten JOH. BERNOULLIs reagiert JAK. BERNOULLI in den *AE* XII 1695 mit scharfen Worten; er verkennt die Bedeutung der BERNOULLIschen Reihe und sieht in JOH. BERNOULLIs Deutung einer Differentialgleichung als Richtungsfeld (*AE* XI 1694) nur die Wiedergabe der LEIBNIZschen Methode (1673, Druck: *AE* VIII 1694), eine Integralkurve durch ein Polygon anzunähern. Gleichzeitig fordert er die Auflösung der Differentialgleichung $y' = p(x) \cdot y + q(x) \cdot y^n$ durch Trennung der Veränderlichen und nachfolgende Quadratur. LEIBNIZ deutet in den *AE* III 1696 die Rückführung auf eine lineare Differentialgleichung an; JOH. BERNOULLI verwendet (Brief an LEIBNIZ vom 4. IX. 1696; Druck *AE* III 1697) den Ansatz $y^{1-n} = \eta = uv$.

Während JAK. BERNOULLI in Zusammenfassung früherer Ergebnisse wertvolle ergänzende Bemerkungen zur Neuausgabe der DESCARTESschen *Geometria* (Frankfurt a. M. 1695) redigiert, siedelt JOH. BERNOULLI im Spätherbst 1695 nach Groningen über, um die dortige Mathematik-Professur zu übernehmen. Er weist LEIBNIZ auf die Auktion der Bücher aus dem Nachlaß des 1695 verstorbenen HUYGENS hin und übermittelt dessen nicht immer sachliche kritische Bemerkungen zu den Aufsätzen über Infinitesimalprobleme in den *AE*. Nur in den Jahren 1691/93 hatte HUYGENS ernstlich versucht, in den Calculus einzudringen. Mehr als die (im Anschluß an FERMAT 1658; Druck 1679 durchgeführte) elegante Quadratur des *folium Cartesii* $x^3 + y^3 = axy$ ist dabei nicht herausgekommen. Der Alternde, dem noch immer ein seltenes Maß an geometrischer Vorstellungskraft zur Verfügung stand, konnte sich nicht mehr an den fremdartigen und noch unvollkommenen Algorithmus gewöhnen.

In der Tat sind noch viele Grundfragen bezüglich des Calculus ungeklärt; von einem systematischen Aufbau ist keineswegs die Rede. Eine sehr kleine Zahl kühner Pioniere stößt auf Neuland vor. Es fehlt nicht an Mißerfolgen, nicht an unverständiger Kritik von seiten der Anhänger der alten Schule und nicht an bitteren Auseinandersetzungen zwischen den ehrgeizigen Neuerern selbst, deren jeder den andern auszustechen trachtet. Die heftigste dieser Kontroversen ist der sog. Prioritätstreit zwischen LEIBNIZ und NEWTON um die Erfindung der Methoden der höheren Analysis.

Umfassendere Einzeldarstellungen

A. Wolf: *History of science, technology and philosophy in the 18 th century*, [2] London 1952.

R. Wolf: *Biographien zur Kulturgeschichte der Schweiz*, Zürich 1858/62 (4 Bde.).

St. P. Rigaud: *Historical essay in the first publication of ... I. Newton's Principia*, Oxford 1838.

Correspondence of scientific men of the XVII th century, *ed.* St. J. Rigaud, Oxford 1841 (2 Bde.).

J. Edleston: *Correspondence of Newton and ... Cotes*, Cambridge 1850.

C. I. Gerhardt: *Die Entdeckung der höheren Analysis*, Halle 1855.

H. Weissenborn: *Die Prinzipien der höheren Analysis*, Halle a. S. 1856.

Fl. Cajory: *A history of the conceptions of limits and fluxions in Great Britain from Newton to Woodhouse*, Chicago/London 1919.

D. Mahnke: *Neue Einblicke in die Entdeckungsgeschichte der höheren Analysis*, in den *Abh. Ak. Berlin* 1925, phys.-math. Kl. Nr. 1, Berlin 1926.

— *Zur Keimesgeschichte der Leibnizschen Differentialrechnung*, in den *Sitzber. d. Gesellsch. z. Beförderg. d. ges. Naturw. zu Marburg* **67**, Berlin 1932.

J. E. Hofmann: *Die Entwicklungsgeschichte der Leibnizschen Mathematik während des Aufenthaltes in Paris (1672/76)*, München 1949.

Namen- und Schriftenverzeichnis

Dieses Verzeichnis will den Leser in stichpunktartiger Kürze so an die Originalliteratur hinführen, daß die erwähnten Werke ohne allzugroße Mühe in den Katalogen größerer wissenschaftlicher Bibliotheken festgestellt werden können. Grundsätzlich ist unterschieden zwischen Autoren (Mathematiker des 17./18.Jh.) und Literatoren (Verf. von Zweitliteratur). Bei Autoren sind die Lebensdaten, nach Möglichkeit Angaben über Leben und Wirken, Gesamtausgaben und Ausgaben der im Text durch Jahreszahlen gekennzeichneten selbständigen Schriften angeführt; Zeitschriftenaufsätze der Autoren sind nicht im Register, sondern im Haupttext gekennzeichnet (vgl. das Zeitschriftenverzeichnis). Zeitschriftenaufsätze über Autoren nicht mit Titel, sondern durch Angabe der in Kurzform wiedergegebenen Zeitschriften nebst Band und Jahreszahl. Bei Literatoren sind keine Lebensdaten gegeben, auch keine Schrifttitel, sondern nur die Jahreszahlen der Veröffentlichung und die Seitenzahlen der Stellen, an der sich die fraglichen Schriften mit vollem Titel in den Literaturübersichten im Text selbst vorfinden. Stellen mit Kennzeichnung von Leistungen oder Schicksalen öfter erwähnter Autoren sind durch fette Seitenzahlen hervorgehoben.

Zeitschriftenverzeichnis

Dieses Verzeichnis bezieht sich ausschließlich auf jene Zeitschriften des 17. u. 18. Jhs., die im Text entweder durch Buchstabensigel oder in Textverkürzung wiedergegeben sind. Bei Jahresangaben (vor allem bei Akademieschriften) sind die Jahrgänge, nicht die Ausgabejahre gemeint.

AE = *Acta eruditorum* (Leipzig 1682 bis 1731). S. **70**, 76/79, 81/93. → Kirchner im *Archiv für Buchgewerbe* **65**, 1928.

Hist. ouvr. sçav. = *Histoire des ouvrages des sçavans* (Rotterdam 1687–1709). S. **88**.

Histoire et mémoires de l'Ac. sc. de Paris (Paris 1699–1790): S. **86**.

JS = *Journal des Sçavans* (Paris 1665–1792): → P. Sergescu in *Osiris* **1**, 1936 u. in d. *Archives d'hist. sc.* **1**, 1947. S. **48**, 76, 88/89.

Misc. Berol. = *Miscellanea Berolinensia* (Berlin 1710–1743, 7 Bde.): S. 92.

PT = *Philosophical transactions* (London seit 1665): S. **48**, 53, 69, 86, 88.

Sachverzeichnis

Das Sachverzeichnis ist auf einige Hauptgegenstände vorzugsweise mathematischer Natur beschränkt.

Geisteswissenschaften

Philosophie

Einführung in die Philosophie von *H. Leisegang†*. 3. Aufl. 145 S. 1957 *(Bd. 281)*

Erkenntnistheorie von *G. Kropp*. 1. Teil: Allgemeine Grundlegung. 143 S. 1950 *(Bd. 807)*

Hauptprobleme der Philosophie von *G. Simmel†*. 7., unveränd. Aufl. 177 S. 1950 *(Bd. 500)*

Geschichte der Philosophie

I: Die griechische Philosophie von *W. Capelle*. 1. Teil. Von Thales bis Leukippos. 2., erw. Aufl. 135 S. 1953 *(Bd. 857)*

II: Die griechische Philosophie von *W. Capelle*. 2. Teil. Von der Sophistik bis zum Tode Platons. 2., stark erw. Aufl. 144 S. 1953 *(Bd. 858)*

III: Die griechische Philosophie von *W. Capelle*. 3. Teil. Vom Tode Platons bis zur alten Stoa. 2., stark erw. Aufl. 132 S. 1954 *(Bd. 859)*

IV: Die griechische Philosophie von *W. Capelle*. 4. Teil. Von der Alten Stoa bis zum Eklektizismus im 1. Jh. v. Chr. 2., stark erw. Aufl. 132 S. 1954 *(Bd. 863)*

V: Die Philosophie des Mittelalters von *J. Koch*. In Vorb. *(Bd. 826)*

VI: Von der Renaissance bis Kant von *K. Schilling*. 234 S. 1954 *(Bd. 394/394a)*

VII: Immanuel Kant von *G. Lehmann*. In Vorb. *(Bd. 536)*

VIII: Die Philosophie des 19. Jahrhunderts von *G. Lehmann*. 1. Teil. 151 S. 1953 *(Bd. 571)*

IX: Die Philosophie des 19. Jahrhunderts von *G. Lehmann*. 2. Teil. 168 S. 1953 *(Bd. 709)*

X: Die Philosophie im ersten Drittel des 20. Jahrhunderts I von *G. Lehmann*. In Vorb. *(Bd. 845)*

Die geistige Situation der Zeit (1931) von *K. Jaspers*. 4., unveränd. Abdruck der 1932 bearb. 5. Aufl. 211 S. 1955 *(Bd. 1000)*

Philosophisches Wörterbuch von *M. Apel†*. 5. Aufl., neub. von *P. Ludz* 1957. In Vorb. *(Bd. 1031/1031a)*

Philosophische Anthropologie. Menschliche Selbstdeutung in Geschichte und Gegenwart von *M. Landmann*. 266 S. 1955 *(Bd. 156/156a)*

Pädagogik, Psychologie Soziologie

Geschichte der Pädagogik von *Herm. Weimer*. 12., neub. u. verm. Aufl. von *Heinz Weimer*. 177 S. 1956 (*Bd. 145*)

Therapeutische Psychologie. Ihr Weg durch die Psychoanalyse von *W. M. Kranefeldt*. Mit einer Einführung von *C. G. Jung*. 3., unveränd. Aufl. 152 S. 1956 *(Bd. 1034)*

Allgemeine Psychologie von *Th. Erismann*. 1956. In Vorb. *(Bd. 831)*

Soziologie. Geschichte und Hauptprobleme von *L. von Wiese*. 5. Aufl. 162 S. 1954 *(Bd. 101)*

Sozialpsychologie von *P. R. Hofstätter*. 181 S., 15 Abb., 22 Tab. 1956 *(Bd. 104/104a)*

Psychologie des Berufs- und Wirtschaftslebens von *W. Moede*. 1956 In Vorb. *(Bd. 851)*

Industrie- und Betriebssoziologie von *R. Dahrendorf*. 120 S. 1956 *(Bd. 103)*

Religionswissenschaften

Jesus von *M. Dibelius†*. 2. Aufl. Unveränd. Nachdr. 137 S. 1949 *(Bd. 1130)*

Paulus von *M. Dibelius†*. Nach dem Tode des Verfassers herausgegeben und zu Ende geführt von *W. G. Kümmel*. 2. Aufl. 155 S. 1956 *(Bd. 1160)*

Römische Religionsgeschichte von *F. Altheim*. 2 Bde. 2., umgearb. Aufl.

I: Grundlagen und Grundbegriffe. 116 S. 1956 *(Bd. 1035)*

II: Der geschichtliche Ablauf. 164 S. 1956 *(Bd. 1052)*

Geschichte Israels von *E.-L. Ehrlich*. 1957. In Vorb. *(Bd. 231)*

Musik

Musikästhetik von *H. J. Moser*. 180 S. 1953 *(Bd. 344)*

Systematische Modulation von *R. Hernried*. 2. Aufl. 136 S. 1950 *(Bd. 1094)*

Der polyphone Satz von *E. Pepping*. 2 Bde.
1. Teil: Der cantus-firmus-Satz. 2. Aufl. 223 S. 1950 *(Bd. 1148)*
2. Teil: 1957. In Vorb. (*Bd. 1164/1164a)*

Allgemeine Musiklehre von *H. J. Moser*. 2., durchges. Aufl. 155 S. 1955 *(Bd. 220/220a)*

Harmonielehre von *H. J. Moser*. 2 Bde. I: 109 S. 1954 *(Bd. 809)*

Die Musik des 19. Jahrhunderts von *W. Oehlmann*. 180 S. 1953 *(Bd. 170)*

Die Musik des 20. Jahrhunderts I. von *W. Oehlmann*. In Vorb. *(Bd. 171)*

Technik der deutschen Gesangskunst von *H. J. Moser*. 3., durchges. und verb. Aufl. 144 S., 5 Fig. 1954 *(Bd. 576/576a)*

Die Kunst des Dirigierens von *H. W. von Waltershausen*†. 2. Aufl. 138 S. 1954 *(Bd. 1147)*

Die Technik des Klavierspiels aus dem Geiste des musikalischen Kunstwerkes von *K. Schubert*†. 3. Aufl. 110 S. 1954 *(Bd. 1045)*

Kunst

Stilkunde von *H. Weigert*. 2 Bde. 2. Aufl.
I: Vorzeit, Antike, Mittelalter. 136 S., 94 Abb. 1953 *(Bd. 80)*
II: Spätmittelalter und Neuzeit. 146 S., 84 Abb. 1953 *(Bd. 781)*

Archäologie von *A. Rumpf*. 2 Bde.
I: Einleitung, historischer Überblick. 143 S., 6 Abb., 12 Taf. 1953 *(Bd. 538)*
II: Die Archäologensprache. Die antiken Reproduktionen. 136 S., 7 Abb., 12 Taf. 1956 *(Bd. 539)*

Geschichte

Einführung in die Geschichtswissenschaft von *P. Kirn*. 2. Aufl. 121 S. 1952 *(Bd. 270)*

Zeitrechnung d. röm. Kaiserzeit, des Mittelalters und der Neuzeit für die Jahre 1—2000 n. Chr. von *H. Lietzmann*†. 3. Aufl., durchges von *K. Aland*. 130 S. 1956 *(Bd. 1085)*

Kultur der Urzeit von *F. Behn*. 3 Bde. 4. Aufl. der „Kultur der Urzeit". Bd. I—III von *M. Hoernes*.
I: Die vormetallischen Kulturen. (Die Steinzeiten Europas. Gleichartige Kulturen in anderen Erdteilen). 172 S., 48 Abb. 1950 *(Bd. 564)*
II: Die älteren Metallkulturen. (Der Beginn der Metallbenutzung. Kupfer- und Bronzezeit in Europa, im Orient und in Amerika). 160 S., 67 Abb. 1950 *(Bd. 565)*
III: Die jüngeren Metallkulturen. (Das Eisen als Kulturmetall. Hallstatt-Latène-Kultur in Europa. Das erste Auftreten des Eisens in den anderen Erdteilen). 149 S., 60 Abb. 1950 *(Bd. 566)*

Vorgeschichte Europas von *F. Behn*. Völlig neue Bearbeitung der 7. Aufl. der „Urgeschichte der Menschheit" von *M. Hoernes*. 125 S., 47 Abb. 1949 *(Bd. 42)*

Der Eintritt der Germanen in die Geschichte von *J. Haller*. 3. Aufl., durchges. von *H. Dannenbauer*. 120 S., 6 Ktnskizz. 1957 *(Bd. 1117)*

Von den Karolingern zu den Staufern von *J. Haller* †. Die altdeutsche Kaiserzeit (900—1250). 3. Aufl. 141 S., 4 Ktn. 1944 *(Bd. 1065)*

Deutsche Geschichte im Zeitalter der Reformation, der Gegenreformation und des 30jährigen Krieges von *F. Hartung*. 129 S. 1951 *(Bd. 1105)*

Deutsche Geschichte von 1648 bis 1740 von *W. Treue*. 120 S. 1956 *(Bd. 35)*

Deutsche Geschichte von 1713 bis 1806 von *W. Treue*. 168 S. 1957 *(Bd. 39)*

Quellenkunde der deutschen Geschichte im Mittelalter (bis zur Mitte des 15. Jahrhunderts) von *K. Jacob*†. 3 Bde.
I: Einleitung. Allgemeiner Teil. Die Zeit der Karolinger. 5. Aufl. 118 S. 1949 *(Bd. 279)*
II: Die Kaiserzeit (911—1250). 4. Aufl. 127 S. 1949 *(Bd. 280)*

III: Das Spätmittelalter (vom Interregnum bis 1500). Herausgeg. von *F. Weden.* 152 S. 1952 *(Bd. 284)*

Geschichte Englands von *H. Preller.*
I: bis 1815. 3., stark umgearb. Aufl. 135 S., 7 Stammtaf., 2 Ktn. 1952 *(Bd. 375)*
II: von 1815 bis 1910. 2., völlig umgearb. Aufl. 118 S., 1 Stammtaf., 7 Ktn. 1954 *(Bd. 1088)*

Römische Geschichte von *F. Altheim.* 4 Bde. 2., verb. Aufl.
I: Bis zur Schlacht bei Pydna (168 v. Chr.). 123 S. 1956 *(Bd. 19)*
II: Bis zur Schlacht bei Actium (31 v. Chr.). 130 S. 1956 *(Bd. 677)*

Geschichte der Vereinigten Staaten von Amerika von *O. Graf zu Stolberg-Wernigerode.* 192 S., 10 Ktn. 1956 *(Bd. 1051/1051a)*

Deutsche Sprache und Literatur

Geschichte der deutschen Sprache von *H. Sperber.* 2. Aufl., durchges. von *W. Fleischhauer.* 1957. In Vorb. *(Bd. 915)*

Deutsches Rechtschreibungswörterbuch von *M. Gottschald.* 2., verb. Aufl. 269 S. 1953 *(Bd. 200/200a)*

Deutsche Wortkunde. Eine kulturgeschichtliche Betrachtung des deutschen Wortschatzes von *A. Schirmer.* 3., durchges. Aufl. 109 S. 1949 *(Bd. 929)*

Deutsche Sprachlehre von *W. Hofstaetter.* 9., neubearb. Aufl. von *G. Spree.* 144 S. 1953 *(Bd. 20)*

Stimmkunde für Beruf, Kunst und Heilzwecke von *H. Biehle.* 111 S. 1955 *(Bd. 60)*

Redetechnik. Einführung in die Rhetorik von *H. Biehle.* 115 S. 1954 *(Bd. 61)*

Sprechen und Sprachpflege (Die Kunst des Sprechens) von *H. Feist.* 2., verb. Aufl. 99 S., 25 Abb. 1952 *(Bd. 1122)*

Deutsches Dichten und Denken von der germanischen bis zur staufischen Zeit von *H. Naumann.* (Deutsche Literaturgeschichte vom 5.—13. Jahrhundert). 2., verb. Aufl. 166 S. 1952 *(Bd. 1121)*

Deutsches Dichten und Denken vom Mittelalter zur Neuzeit von *G. Müller* (1270—1700). 2., durchges. Aufl. 159 S. 1949 *(Bd. 1086)*

Der Nibelunge Nôt in Auswahl mit kurzem Wörterbuch von *K. Langosch.* 10., durchges. Aufl. 164 S. 1956 *(Bd. 1)*

Kudrun- und Dietrichepen in Auswahl mit Wörterbuch von *O. L. Jiriczek.* 2. Aufl. bearb. von *R. Wisniewski.* 1957. In Vorb. *(Bd. 10)*

Wolfram von Eschenbach. Parzival. Eine Auswahl mit Anmerk. und Wörterbuch. Von *H. Jantzen.* 2. Aufl., bearb. von *H. Kolb.* 128 S. 1957 *(Bd. 921)*

Die deutschen Personennamen von *M. Gottschald.* 2., verb. Aufl. 151 S. 1955 *(Bd. 422)*

Althochdeutsches Elementarbuch von *H. Naumann*† und *W. Betz.* 2. Aufl. 156 S. 1954 *(Bd. 1111)*

Mittelhochdeutsche Grammatik von *H. de Boor* und *R. Wisniewski.* 141 S. 1956 *(Bd. 1108)*

Indogermanisch, Germanisch

Gotisches Elementarbuch. Grammatik, Texte mit Übersetzung und Erläuterungen von *H. Hempel.* 2., umgearb. Aufl. 165 S. 1953 *(Bd. 79)*

Indogermanische Sprachwissenschaft von *H. Krahe.* 3. Aufl. 1957. In Vorb. *(Bd. 59)*

Germanische Sprachwissenschaft von *H. Krahe.* 2 Bde. 3., neub. Aufl.
I: Einleitung und Lautlehre. 147 S. 1956. *(Bd. 238)*
II: Formenlehre. 149 S. 1957 *(Bd. 780)*

Altnordisches Elementarbuch von *F. Ranke.* Schrifttum, Sprache, Texte mit Übersetzung und Wörterbuch. 2., durchges. Aufl. 146 S. 1949 *(Bd. 1115)*

Englisch, Französisch Italienisch

Altenglisches Elementarbuch von *M. Lehnert.* Einführung, Grammatik, Texte mit Übersetzung und Wörterbuch. 3., verb. Aufl. 178 S. 1955 *(Bd. 1125)*

Historische neuenglische Laut- und Formenlehre von *E. Ekwall.* 3., durchges. Aufl. 150 S. 1956 *(Bd. 735)*

Englische Phonetik von *H. Mutschmann*†. 117 S. 1956. *(Bd. 601)*

Englische Literaturgeschichte. 4 Bde.
I: Die alt- und mittelenglische Periode v. *F. Schubel.* 163 S. 1954 *(Bd. 1114)*
II: Von der Renaissance bis zur Aufklärung von *F. Schubel.* 160 S. 1956 *(Bd. 1116)*
III: Romantik und Viktorianismus von *P. Meissner†.* 150 S. 1938 *(Bd. 1124)*
IV: Das 20. Jahrhundert von *P. Meissner†.* 150 S. 1939 *(Bd. 1136)*

Beowulf von *M. Lehnert.* Eine Auswahl mit Einführung, teilweiser Übersetzung, Anmerkungen und etymologischem Wörterbuch. 2., verb. Aufl. 135 S. 1949 *(Bd. 1135)*

Shakespeare von *P. Meissner†.* 2. Aufl. neubearb. von *M. Lehnert.* 136 S. 1954 *(Bd. 1142)*

Italienische Literaturgeschichte von *K. Vossler†.* Unveränd. Nachdr. der 1927 erschien. 4., durchges. und verb. Aufl. 148 S. 1948 *(Bd. 125)*

Romanische Sprachwissenschaft von *H. Lausberg.* 2 Bde. 1956.
I: Einleitung und Vokalismus. 160 S. *(Bd. 128/128a)*
II: Konsonantismus. 95 S. *(Bd. 250)*

Griechisch, Lateinisch

Griechische Sprachwissenschaft von *W. Brandenstein.* 2 Bde.
I: Einleitung, Lautsystem, Etymologie. 160 S. 1954 *(Bd. 117)*

Geschichte der griechischen Sprache. 2 Bde.
I: Bis zum Ausgang der klassischen Zeit von *O. Hoffmann†.* 3. Aufl. bearb. von *A. Debrunner.* 156 S. 1954 *(Bd. 111)*
II: Grundfragen und Grundzüge des nachklass. Griechisch. Von *A. Debrunner.* 144 S. 1954 *(Bd. 114)*

Geschichte der griechischen Literatur von *W. Nestle.* 2 Bde. 2., verb. Aufl.
I: Von den Anfängen bis auf Alexander d. Gr. 148 S. 1950 *(Bd. 70)*
II: Von Alexander d. Gr. bis zum Ausgang der Antike. 128 S. 1948 *(Bd. 557)*

Geschichte der lateinischen Sprache von *F. Stolz†.* 3., stark umgearb. Auflage von *A. Debrunner.* 136 S. 1953 *(Bd. 492)*

Hebräisch, Sanskrit, Russisch

Hebräische Grammatik von *G. Beer†.* 2 Bde. 2., völlig neub. Aufl. von *R. Meyer*
I: Schrift-, Laut- und Formenlehre I. 157 S. 1952 *(Bd. 763/763a)*
II: Formenlehre II. Syntax und Flexionstabellen. 195 S. 1955 *(Bd. 764/764a)*

Sanskrit-Grammatik von *M. Mayrhofer.* 89 S. 1953 *(Bd. 1158)*

Russische Grammatik von *E. Berneker.* 6., unveränd. Aufl. von *M. Vasmer.* 155 S. 1947 *(Bd. 66)*

Erd- und Länderkunde

Afrika von *F. Jaeger.* Ein geograph. Überblick. 2 Bde. 2., umgearb. Aufl.
I: Der Lebensraum. 179 S., 18 Abb. 1954 *(Bd. 910)*
II: Mensch und Kultur. 152 S., 6 Abb. 1954 *(Bd. 911)*

Iberoamerika von *O. Quelle.* In Vorb. *(Bd. 856)*

Australien und Ozeanien von *H. J. Krug.* 176 S., 46 Skizz. 1953 *(Bd. 319)*

Kartenkunde von *M. Eckert-Greifendorff†.* 3., durchges. Aufl. von *W. Kleffner.* 149 S., 63 Abb. 1950 *(Bd. 30)*

Volkswirtschaft, Publizistik

Allgemeine Betriebswirtschaftslehre von *K. Mellerowicz.* 3 Bde. 9., unveränd. Aufl.
I: 142 S. 1956 *(Bd. 1008)*
II: 112 S. 1956 *(Bd. 1153)*
III: 143 S. 1956 *(Bd. 1154)*

Allgemeine Volkswirtschaftslehre von *A. Paulsen.* 4 Bde.
I: Grundlegung, Wirtschaftskreislauf. 138 S. 1956 *(Bd. 1169)*
II: Haushalte, Unternehmungen, Marktformen. 163 S., 32 Abb. 1956 *(Bd. 1170)*

Zeitungslehre von *E. Dovifat.* 2 Bde. 3., neubearb. Aufl.
I: Theoretische und rechtliche Grundlagen — Nachricht und Meinung — Sprache und Form. 148 S. 1955 *(Bd. 1039)*
II: Redaktion — Die Sparten Verlag und Vertrieb, Wirtschaft und Technik, Sicherung der öffentlichen Aufgabe. 158 S. 1955 *(Bd. 1040)*

Naturwissenschaften

Mathematik

Geschichte der Mathematik von *J. E. Hofmann.* 3 Bde.
I: Von den Anfängen bis zum Auftreten von Fermat und Descartes. 200 S. 1953 *(Bd. 226)*
II: Von Fermat und Descartes bis zur Erfindung des Calculus und bis zum Ausbau der neuen Methoden. 1957. In Vorb. *(Bd. 875)*
III: Von den Auseinandersetzungen um Calculus bis zur Französischen Revolution. 1957. In Vorb. *(Bd. 882)*

Mathematische Formelsammlung von *F. Ringleb.* Vollst. umgearb. Neuausg. des Werkes von *O. Th. Bürklen.* 6., erw. Aufl. 278 S., 53 Fig. 1956 *(Bd. 51/51 a)*

Fünfstellige Logarithmen von *A. Adler.* Mit mehreren graphischen Rechentafeln und häufig vorkommenden Zahlwerten. 2. Aufl. Neudr. 127 S., 1 Taf. 1949 *(Bd. 423)*

Höhere Algebra von *H. Hasse.* 2 Bde. 3., verb. Aufl.
I: Lineare Gleichungen. 152 S. 1951 *(Bd. 931)*
II: Gleichungen höheren Grades. 158 S., 5 Fig. 1951 *(Bd. 932)*

Aufgabensammlung zur höheren Algebra von *H. Hasse* und *W. Klobe.* 2., verb. und verm. Aufl. 181 S. 1952 *(Bd. 1082)*

Elementare und klassische Algebra vom modernen Standpunkt von *W. Krull.* 2 Bde. 2., erw. Aufl.
I: 136 S. 1952 *(Bd. 930)*

Einführung in die Zahlentheorie von *A. Scholz*†. Überarb. und herausgeg. von *B. Schoeneberg.* 2. Aufl. 128 S. 1955 *(Bd. 1131)*

Elemente der Funktionentheorie von *K. Knopp.* 4. Aufl. 144 S., 23 Fig. 1955 *(Bd. 1109)*

Funktionentheorie von *K. Knopp.* 2 Bde.
I: Grundlagen der allgem. Theorie der analytischen Funktionen. 9. Aufl. 141 S., 8 Fig. 1957 *(Bd. 668)*
II: Anwendungen und Weiterführung der allgemeinen Theorie. 8./9. Aufl. 130 S., 7 Fig. 1955 *(Bd. 703)*

Aufgabensammlung zur Funktionentheorie von *K. Knopp.* 2 Bde. 4. Aufl.
I: Aufgaben zur elementaren Funktionentheorie. 135 S. 1949 *(Bd. 877)*
II: Aufgaben zur höheren Funktionentheorie. 151 S. 1949 *(Bd. 878)*

Repetitorium und Aufgabensammlung zur Differentialrechnung von *A. Witting*†. 3., neub. Aufl. von *E. Ulrich.* 1957. In Vorb. *(Bd. 146)*

Repetitorium und Aufgabensammlung zur Integralrechnung von *A. Witting*†. 3., neubearb. Aufl. von *E. Ulrich.* 1957. In Vorb. *(Bd. 147)*

Gewöhnliche Differentialgleichungen von *G. Hoheisel.* 5., durchges. Aufl. 129 S. 1956. *(Bd. 920)*

Partielle Differentialgleichungen v. *G. Hoheisel.* 3., neub. Aufl. 130 S. 1953 *(Bd. 1003)*

Aufgabensammlung zu den gewöhnlichen und partiellen Differentialgleichungen von *G. Hoheisel.* 2., umgearb. Aufl. 124 S. 1952 *(Bd. 1059)*

Integralgleichungen von *G. Hoheisel.* 2., durchges. Aufl. 1957. In Vorb. *(Bd. 1099)*

Mengenlehre von *E. Kamke.* 3., neub. Auflage. 194 S., 6 Fig. 1955 *(Bd. 999/999 a)*

Darstellende Geometrie von *W. Haack.* 3 Bde.
I: Die wichtigsten Darstellungsmethoden. Grund- und Aufriß ebenflächiger Körper. 110 S., 117 Abb. 1954 *(Bd. 142)*
II: Körper mit krummen Begrenzungsflächen. Kotierte Projektionen. 129 S., 86 Abb. 1954. *(Bd. 143)*
III: Axonometrie, Perspektive. Photogrammetrie. 127 S., 100 Abb. 1957 *(Bd. 144)*

Sammlung von Aufgaben und Beispielen zur analytischen Geometrie der Ebene von *R. Haussner*†. Mit den vollständigen Lösungen. 139 S., 22 Fig. Neudr. 1949 *(Bd. 256)*

Nichteuklidische Geometrie. Hyperbolische Geometrie der Ebene. Von

R. Baldus†. 3., verb. Aufl., durchges. und herausgeg. von *F. Löbell*. 140 S., 70 Fig. 1953 *(Bd. 970)*

Differentialgeometrie von *K. Strubecker* (früher Rothe). 3 Bde.
I: Kurventheorie der Ebene und des Raumes. 150 S., 18 Fig. 1955 *(Bd. 1113/1113a)*
II: Flächentheorie. 13 Fig. 1957. In Vorb. *(Bd. 1179/1179a)*
III: Theorie der Flächenkrümmung. 37 Fig. 1957. In Vorb. *(Bd. 1180/1180a)*

Einführung in die konforme Abbildung von *L. Bieberbach*. 5., erw. Aufl. 180 S., 42 Fig. 1956. *(Bd. 768/768a)*

Vektoren und Matrizen von *S. Valentiner*. 8., erw. Aufl. der „Vektoranalysis". 35 Fig. Mit Anh.: Aufgaben zur Vektorrechnung von *H. König*. 1957. In Vorb. *(Bd. 354/354a)*

Vermessungskunde von *P. Werkmeister*. 3 Bde.
II: Messung von Horizontalwinkeln. Festlegung von Punkten im Koordinatensystem. Absteckungen. 7. Aufl. 151 S., 93 Fig. 1949 *(Bd. 469)*
III: Trigonometrische und barometrische Höhenmessung. Tachymetrie und Topographie. 6. Aufl. 147 S., 64 Fig. 1949 *(Bd. 862)*

Versicherungsmathematik von *F. Böhm*. 2 Bde.
I: Elemente der Versicherungsrechnung. 3., verm. und verb. Aufl. Durchges. Neudr. 151 S. 1954 *(Bd. 180)*
II: Lebensversicherungsmathematik. Einführung in die technischen Grundlagen der Sozialversicherung. 2., verb. Aufl. 205 S. 1953 *(Bd. 917/917a)*

Physik

Einführung in die theoretische Physik von *W. Döring*. 5 Bde.
I: Mechanik. 119 S., 29 Abb. 1954 *(Bd. 76)*
II: Das elektromagnetische Feld. 123 S., 15 Abb. 1955 *(Bd. 77)*
III: Optik. 117 S., 32 Abb. 1956 *(Bd. 78)*
IV: Thermodynamik. 107 S., 9 Abb. 1956. *(Bd. 374)*
V: Statische Mechanik. 1957. In Vorb. *(Bd. 1017)*

Atomphysik von *K. Bechert* und *Ch. Gerthsen*. 7 Bde. 3., umgearb. Aufl.
I: Allgemeine Grundlagen. 1. Teil. 124 S., 55 Abb. 1955 *(Bd. 1009)*
II: Allgemeine Grundlagen. 2. Teil. 112 S., 48 Abb. 1955 *(Bd. 1033)*
III: Theorie des Atombaus. 1. Teil. 148 S., 16 Abb. 1954 *(Bd. 1123/1123a)*
IV: Theorie des Atombaus. 2. Teil. 170 S., 14 Abb. 1954 *(Bd. 1165/1165a)*

Differentialgleichungen der Physik von *F. Sauter*. 2. Aufl. 148 S., 16 Fig. 1950 *(Bd. 1070)*

Physikalische Formelsammlung von *G. Mahler*† und *K. Mahler*. 9., durchges. Aufl. 153 S. mit 69 Fig. 1955 *(Bd. 136)*

Physikalische Aufgabensammlung von *G. Mahler*† und *K. Mahler*. Mit den Ergebn. 9., durchges. Aufl. 127 S. 1957 *(Bd. 243)*

Chemie

Geschichte der Chemie in kurzgefaßter Darstellung von *G. Lockemann*. 2 Bde.
I: Vom Altertum bis zur Entdekkung des Sauerstoffs. 142 S., 8 Bildn. 1950 *(Bd. 264)*
II: Von der Entdeckung des Sauerstoffs bis zur Gegenwart. 151 S., 16 Bildn. 1955 *(Bd. 265/265a)*

Anorganische Chemie von *W. Klemm*. 9. Aufl. 184 S., 18 Abb. 1957 *(Bd. 37)*

Organische Chemie von *W. Schlenk*. 7., erw. Aufl. 1957. In Vorb. *(Bd. 38/38a)*

Allgemeine und physikalische Chemie von *W. Schulze*. 3 Bde. 4., neubearb. Aufl.
I: 139 S., 10 Fig. 1955 *(Bd. 71)*
II: 176 S., 37 Fig. 1956 *(Bd. 698/698a)*
III: 1956. In Vorb. *(Bd. 786)*

Analytische Chemie von *J. Hoppe*. 2 Bde. 5., verb. Aufl.
I: Reaktionen. 135 S. 1950 *(Bd. 247)*
II: Gang der qualitativen Analyse. 166 S. 1950 *(Bd. 248)*

Maßanalyse. Theorie und Praxis der klassischen und der elektrochemischen Titrierverfahren. Von *G. Jander* und *K. F. Jahr*. 7., erg. Aufl. 303 S., 50 Fig. 1956. *(Bd. 221/221a)*

Thermochemie von *W. A. Roth*. 2., verb. Aufl. 109 S., 16 Fig. 1952 *(Bd. 1057)*
Physikalisch-chemische Rechenaufgaben von *E. Asmus*. 2. Aufl. 95 S. 1949 *(Bd. 445)*
Stöchiometrische Aufgabensammlung. Mit den Ergebn. von *W. Bahrdt*† und *R. Scheer*. 6., durchges. Aufl. 118 S. 1957 *(Bd. 452)*
Elektrochemie und ihre physikalisch-chemischen Grundlagen von *A. Dassler*. 2 Bde.
I: 149 S., 21 Abb. 1950 *(Bd. 252)*
II: 178 S., 17 Abb. 1950 *(Bd. 253)*

Technologie

Warenkunde von *K. Hassak*† und *E. Beutel*†. 2 Bde. 7. Aufl. Neubearb. von *A. Kutzelnigg*
I: Anorganische Waren sowie Kohle und Erdöl. 116 S., 19 Fig. 1947 *(Bd. 222)*
II: Organische Waren. 143 S., 32 Fig. 1949 *(Bd. 223)*
Die Fette und Öle von *K. Braun*†. 5., völlig neubearb. und verb. Aufl. von *Th. Klug*. 145 S. 1950 *(Bd. 335)*
Die Seifenfabrikation von *K. Braun*†. 3., neubearb. und verb. Aufl. von *Th. Klug*. 116 S., 18 Abb. 1953 *(Bd. 336)*
Textilindustrie
I: Spinnerei und Zwirnerei. Von *A. Blümcke*. 111 S., 43 Abb. 1954 *(Bd. 184)*

Biologie

Einführung in die allgemeine Biologie von *M. Hartmann*. 132 S., 2 Abb. 1956. *(Bd. 96)*
Hormone von *G. Koller*. 2., neubearb. und erw. Aufl. 187 S., 60 Abb., 19 Tab. 1949 *(Bd. 1141)*
Fortpflanzung im Tier- und Pflanzenreich von *J. Hämmerling*. 2., erg. Aufl. 135 S., 101 Abb. 1951 *(Bd. 1138)*
Geschlecht und Geschlechtsbestimmung im Tier- und Pflanzenreich von *M. Hartmann*. 2., verb. Aufl. 116 S., 61 Abb., 7 Tab. 1951 *(Bd. 1127)*
Grundriß der allgemeinen Mikrobiologie von *W. Schwartz*. 2 Bde.
I: 104 S. 17 Abb. 1949 *(Bd. 1155)*
II: 93 S. 12 Abb. 1949 *(Bd. 1157)*
Symbiose der Tiere mit pflanzlichen Mikroorganismen von *P. Buchner*. 2., verb. und verm. Aufl. 130 S. 121 Abb. 1949 *(Bd. 1128)*

Botanik

Entwicklungsgeschichte des Pflanzenreiches von *H. Heil*. 2. Aufl. 138 S. 94 Abb. 1 Tab. 1950 *(Bd. 1137)*
Morphologie der Pflanzen von *L. Geitler*. 3. Aufl. 126 S. 114 Abb. 1953 *(Bd. 141)*
Pflanzenzüchtung von *H. Kuckuck* 2 Bde.
I: Grundzüge der Pflanzenzüchtung. 3., völlig umgearb. Aufl. 132 S. 22 Abb. 1952 *(Bd. 1134)*
II: Spez. gartenbaul. Pflanzenzüchtung. 178 S., 27 Abb. 1957 *(Bd. 1178/1178a)*
Die Laubhölzer. Kurzgefaßte Beschreibung der in Mitteleuropa gedeihenden Laubbäume und Sträucher. Von *F. W. Neger*† und *E. Münch*†. 3., durchges. Aufl. herausgeg. von *B. Huber*. 143 S. 63 Fig. 7 Tab. 1950 *(Bd. 718)*
Die Nadelhölzer (Koniferen) und übrigen Gymnospermen von *F. W. Neger*† und *E. Münch*†. 4. Aufl. Durchges. und erg. von *B. Huber*. 140 S., 75 Fig., 4 Tab., 3 Ktn. 1952 *(Bd. 355)*

Zoologie

Entwicklungsphysiologie der Tiere von *F. Seidel*. 2 Bde.
I: Ei und Furchung. 126 S., 29 Abb. 1953 *(Bd. 1162)*
II: Körpergrundgestalt und Organbildg. 159 S., 42 Abb. 1953 *(Bd. 1163)*
Das Tierreich.
Fische von *D. Lüdemann*. 130 S., 65 Abb. 1955 *(Bd. 356)*
Insekten von *H. von Lengerken*. 128 S., 58 Abb. 1953 *(Bd. 594)*
Lurche (Chordatiere) von *K. Herter*. 143 S., 129 Abb. 1955 *(Bd. 847)*
Spinnentiere (Trilobitomorphen, Fühlerlose) und Tausendfüßler. Von *A. Kaestner*. 96 S., 55 Abb. 1955 *(Bd. 1161)*
Würmer. Platt-, Hohl-, Schnurwürmer, Komptozoen, Ringelwürmer, Protracheaten, Bärtierchen,

Zungenwürmer. Von *S. Jaeckel.* 114 S., 36 Abb. 1955 *(Bd. 439)*
Weichtiere. Urmollusken, Schnekken, Muscheln, Kopffüßer. Von *S. Jaeckel.* 92 S., 34 Abb. 1954 *(Bd. 440)*
Stachelhäuter. Tentakulaten, Binnenatmer u. Pfeilwürmer. Von *S. Jaeckel.* 100 S., 46 Abb. 1955 *(Bd. 441)*
Schwämme und Hohltiere von *H. J. Hannemann.* 95 S., 80 Abb. 1956 *(Bd. 442)*
Krebse von *H. E. Gruner* und *K. Deckert.* 114 S., 43 Abb. 1956 *(Bd. 443)*
Einzeller, Protozoen von *E. Reichenow.* 115 S., 59 Abb. 1956 *(Bd. 444)*
Vergleichende Physiologie der Tiere von *K. Herter.* 2 Bde. 3. Aufl. der „Tierphysiologie".
I: Stoff- und Energiewechsel. 155 S., 64 Abb. 1950 *(Bd. 972)*
II: Bewegung und Reizerscheinungen. 148 S., 110 Abb. 1950 *(Bd. 973)*

Land- und Forstwirtschaft

Landwirtschaftliche Tierzucht. Die Züchtung und Haltung der landwirtschaftlichen Nutztiere von *H. Vogel.* 139 S., 11 Abb. 1952 *(Bd. 228)*
Kulturtechnische Bodenverbesserungen von *O. Fauser.* 2. Bde. 4., neubearb. Aufl.
I: Allgemeines, Entwässerung. 122 S., 47 Abb. 1947 *(Bd. 691)*
II: Bewässerung, Ödlandkultur, Umlegung. 150 S., 67 Abb. 1949 *(Bd. 692)*
Agrikulturchemie von *K. Scharrer.* 2 Bde.
I: Pflanzenernährung. 143 S. 1953 *(Bd. 329)*
II: Futtermittelkunde. 192 S. 1956. *(Bd. 330/330a)*

Geologie, Mineralogie Kristallographie

Geologie von *F. Lotze.* 176 S., 80 Abb. 1955 *(Bd. 13)*
Mineral- und Erzlagerstättenkunde von *H. Huttenlocher†.* 2 Bde.
I: 128 S., 34 Abb. 1954 *(Bd. 1014)*
II: 156 S., 48 Abb. 1954 *(Bd. 1015/1015a)*
Allgemeine Mineralogie. 9., erw. Aufl. der „Mineralogie" von *R. Brauns†* und *K. F. Chudoba.* 104 S., 107 Fig., 1 Taf., 2 Tab. 1955 *(Bd. 29)*
Spezielle Mineralogie. 9., erw. Aufl. der „Mineralogie" von *R. Brauns†* und *K. F. Chudoba.* 133 S., 105 Fig. 1955 *(Bd. 31)*
Petrographie (Gesteinskunde) von *W. Bruhns†* und *P. Ramdohr.* 4., durchges. Aufl. 104 S., 10 Fig. 1955 *(Bd. 173)*
Kristallographie von *W. Bruhns†* und *P. Ramdohr.* 4. Aufl. 106 S., 163 Abb. 1954 *(Bd. 210)*
Einführung in die Kristalloptik von *E. Buchwald.* 4., verb. Aufl. 138 S., 121 Fig. 1952 *(Bd. 619)*
Lötrohrprobierkunde. Mineraldiagnose mit Lötrohr- und Tüpfelreaktion. Von *M. Henglein.* 3., verb. Aufl. 91 S., 11 Fig. 1949 *(Bd. 483)*

Technik

Graphische Darstellung in Wissenschaft und Technik von *M. Pirani.* 3., verb. Aufl. bearb. von *J. Fischer.* 101 Abb. 1957. In Vorb. *(Bd. 728/728a)*

Elektrotechnik

Grundlagen der allgemeinen Elektrotechnik von *O. Mohr.* 3 Bde.
I: Die drei Feldformen. 96 S., 41 Abb., 6 Taf. 1956. *(Bd. 196)*
II: Die wichtigsten elektr. und phys. Grunderscheinungen. 95 S., 36 Abb., 7 Taf. 1956. *(Bd. 197)*
III: Schaltvorgänge, Widerstandsformen, Meßtechnik. 91 S., 59 Abb., 1 Taf. 1956. *(Bd. 198)*
Die Gleichstrommaschine von *K. Humburg.* 2 Bde. 2., durchges. Aufl.
I: 102 S., 59 Abb. 1956. *(Bd. 257)*
II: 101 S., 38 Abb. 1956. *(Bd. 881)*
Die synchrone Maschine von *K. Humburg.* Neudr. 109 S., 78 Abb. 1951 *(Bd. 1146)*

Induktionsmaschinen von *F. Unger.* 2., erw. Aufl. 142 S., 49 Abb. 1954 *(Bd. 1140)*

Die komplexe Berechnung von Wechselstromschaltungen von *H. H. Meinke.* 2 Aufl. 1957. In Vorb. *(Bd. 1156/1156a)*

Theoretische Grundlagen zur Berechnung der Schaltgeräte von *F. Kesselring.* 3. Aufl. 144 S., 92 Abb. 1950 *(Bd. 711)*

Einführung in die Technik selbsttätiger Regelungen von *W. zur Megede.* 174 S., 86 Abb. 1956 *(Bd. 714/714a)*

Elektromotorische Antriebe (Grundlagen für die Berechnung) von *A. Schwaiger.* 3., neubearb. Aufl. 96 S., 34 Abb. 1952 *(Bd. 827)*

Technische Tabellen und Formeln von *W. Müller.* 4., verb und erw. Aufl. von *E. Schulze.* 152 S., 105 Fig. 1951 *(Bd. 579)*

Überspannungen und Überspannungsschutz von *G. Frühauf.* Durchges. Neudr. 122 S., 98 Abb. 1950 *(Bd. 1132)*

Maschinenbau

Metallkunde von *H. Borchers.* 2 Bde. 3. Aufl.
I: Aufbau der Metalle und Legierungen. 120 S., 90 Abb., 2 Tab. 1956. *(Bd. 432)*
II: Eigenschaften, Grundzüge der Form und Zustandsgebung. 154 S., 100 Abb., 8 Tab. 1957 *(Bd. 433)*

Die Werkstoffe des Maschinenbaues von *H. Thum* und *C. M. von Meysenbug.* 2 Bde.
I: Einführung in die Werkstoffprüfung. 2., neubearb. Aufl. 100 S., 7 Tab., 56 Abb. 1956. *(Bd. 476)*

Dynamik von *W. Müller.* 2 Bde. 2., verb. Aufl.
I: Dynamik des Einzelkörpers. 128 S., 48 Fig. 1952 *(Bd. 902)*
II: Systeme von starren Körpern. 102 S., 41 Fig. 1952 *(Bd. 903)*

Technische Schwingungslehre von *L. Zipperer.* 2 Bde. 2., neubearb. Aufl.
I: Allgemeine Schwingungsgleichungen, einfache Schwinger. 120 S., 101 Abb. 1953 *(Bd. 953)*
II: Torsionsschwingungen in Maschinenanlagen. 102 S., 59 Abb. 1955 *(Bd. 961/961a)*

Werkzeugmaschinen für Metallbearbeitung von *K. P. Matthes.* 4 Bde.
I: 100 S., 27 Abb., 11 Zahlentaf., 1 Tafelanh. 1954 *(Bd. 561)*
II: Fertigungstechnische Grundlagen der neuzeitlichen Metallbearbeitung. 101 S., 30 Abb., 5 Taf. 1955 *(Bd. 562)*

Transformatoren von *W. Schäfer.* 3., überarb. u. erg. Aufl. 130 S., 73 Abb. 1957 *(Bd. 952)*

Das Maschinenzeichnen mit Einführung in das Konstruieren von *W. Tochtermann.* 2 Bde. 4. Aufl.
I: Das Maschinenzeichnen. 156 S., 77 Taf. 1950 *(Bd. 589)*
II: Ausgeführte Konstruktionsbeispiele. 130 S., 58 Taf. 1950 *(Bd. 590)*

Die Maschinenelemente von *E. A. vom Ende.* 3., verb. Aufl., 166 S., 175 Fig., 9 Taf. 1956. *(Bd. 3/3a)*

Maschinen der Eisenhüttenwerke von *L. Engel.* 1957. In Vorb. *(Bd. 583/583a)*

Walzwerke von *H. Sedlaczek.* 2 Bde.
I: Allgem. Verformungslehre, Grundelemente und Hilfseinrichtungen der Walzwerke. 90 Abb. 1957. In Vorb. *(Bd. 580)*
II: Die Walzwerke in Aufbau und Betrieb. 67 Abb. 1957. In Vorb. *(Bd. 581)*

Getriebelehre von *P. Grodzinski.* 2 Bde. 2., neubearb. Aufl.
I: Geometrische Grundlagen. 159 S., 142 Fig. 1953 *(Bd. 1061)*

Gießereitechnik von *H. Jungbluth.* 2 Bde.
I: Eisengießerei. 126 S., 44 Abb. 1951 *(Bd. 1159)*

Die Dampfkessel und Feuerungen einschließlich Hilfseinrichtungen in Theorie, Konstruktion und Berechnung von *W. Marcard†.* 2 Bde. 2. Aufl. Neubearb. von *K. Beck.*
I: Die theoretischen Grundlagen, Wärme, Verbrennung, Wärmeübertragung. 150 S., 42 Abb., 16 Tab. 1951 *(Bd. 9)*
II: Dampfkessel. 147 S., 43 Abb. 1952 *(Bd. 521)*

Dampfturbinen, ihre Wirkungsweise, Berechnung und Konstruktion von *C. Zietemann.* 3 Bde. 3., verb. Aufl.
I: Theorie der Dampfturbinen. 139 S., 48 Abb. 1955 *(Bd. 274)*

II: Die Berechnung der Dampfturbinen und die Konstruktion der Einzelteile. 132 S., 111 Abb. 1956 *(Bd. 715)*
III: Die Regelung der Dampfturbinen, die Bauarten, Turbinen für Sonderzwecke, Kondensationsanlagen. 126 S., 90 Abb. 1956 *(Bd. 716)*

Technische Thermodynamik von *W. Nußelt*. 3 Bde.
I: Grundlagen. 4., verb. Aufl. 144 S., 71 Abb. 1956. *(Bd. 1084)*
II: Theorie der Wärmekraftmaschinen. Neudr. 144 S., 87 Abb., 32 Zahlentaf. 1951 *(Bd. 1151)*

Autogenes Schweißen und Schneiden von *H. Niese*. 5. Aufl. Neubearb. von *A. Küchler*. 136 S., 71 Fig. 1954 *(Bd. 499)*

Die elektrischen Schweißverfahren von *H. Niese*. 2. Aufl. Neubearb. von *H. Dienst*. 136 S., 58 Abb. 1955 *(Bd. 1020)*

Hebezeuge. Entwurf von Winden und Kranen von *G. Tafel*. 2., verb. Aufl. 176 S., 230 Fig. 1954 *(Bd. 414/414a)*

Wasserbau

Wasserkraftanlagen von *A. Ludin* u. Mitarb. v. *W. Borkenstein*. 2 Bde.
I: Planung, Grundlagen und Grundzüge. 124 S., 60 Abb. 1955 *(Bd. 665)*

Verkehrswasserbau von *H. Dehnert*. 3 Bde.
I: Entwurfsgrundlagen, Flußregelungen. 103 S., 52 Abb. 1950 *(Bd. 585)*
II: Flußkanalisierung und Schiffahrtskanäle. 94 S., 60 Abb. 1950 *(Bd. 597)*
III: Schleusen und Hebewerke. 98 S., 70 Abb. 1950 *(Bd. 1152)*

Wehr- und Stauanlagen von *H. Dehnert*. 134 S., 90 Abb. 1952 *(Bd. 965)*

Talsperren von *F. Tölke*. 122 S., 70 Abb. 1953 *(Bd. 1044)*

Hoch- und Tiefbau

Die wichtigsten Baustoffe des Hoch- und Tiefbaus von *O. Graf*. 4., verb. Aufl. 131 S., 63 Abb. 1953 *(Bd. 984)*

Baustoffverarbeitung und Baustellenprüfung des Betons von *A. Kleinlogel*. 2., neubearb. und erw. Aufl. 126 S., 35 Abb. 1951 *(Bd. 978)*

Festigkeitslehre. 2 Bde.
I: Elastizität, Plastizität und Festigkeit der Baustoffe und Bauteile von *W. Gehler*† und *W. Herberg*. Durchges. und erw. Neudr. 159 S., 118 Abb. 1952 *(Bd. 1144)*
II: Formänderung, Platten, Stabilität und Bruchhypothesen von *W. Herberg* und *N. Dimitrov*. 187 S., 94 Abb. 1955 *(Bd. 1145/1145a)*

Grundlagen des Stahlbetonbaus von *A. Troche*. 2., neubearb. und erw. Aufl. 208 S., 75 Abb., 17 Bemessungstaf., 20 Rechenbeisp. 1953 *(Bd. 1078)*

Statik der Baukonstruktionen von *A. Teichmann*. 4 Bde.
I: Grundlagen. 100 S., 51 Abb., 8 Formeltaf. 1956 *(Bd. 119)*
II: Statisch bestimmte Stabwerke. 107 S., 52 Abb., 7 Taf. 1957 *(Bd. 120)*

Fenster, Türen, Tore aus Holz und Metall. Eine Anleitung zu ihrer guten Gestaltung, wirtschaftlichen Bemessung und handwerksgerechten Konstruktion von *W. Wickop*. 4., überarb. und erg. Aufl. 155 S., 95 Abb. 1955 *(Bd. 1092)*

Heizung und Lüftung von *J. Körting*† und *W. Körting*. 2 Bde. 8., neubearb. Aufl.
I: Das Wesen und die Berechnung der Heizungs- und Lüftungsanlagen. 140 S., 29 Abb., 18 Zahlentaf. 1951 *(Bd. 342)*
II: Die Ausführung der Heizungs- und Lüftunganlagen. 152 S., 165 Abb., 7 Zahlentaf. 1954 *(Bd. 343)*

Industrielle Kraft- und Wärmewirtschaft von *F. A. F. Schmidt* u. *A. Beckers*. 167 S., 69 Abb. 1957 *(Bd. 318/318a)*

SAMMLUNG GÖSCHEN / BANDNUMMERNFOLGE

256 Haussner, Aufgabensamml. zur analyt. Geometrie der Ebene
257 Humburg, Die Gleichstrommaschine I
264 Lockemann, Geschichte der Chemie I
265/265a Lockemann, – II
270 Kirn, Einführung in die Geschichtswissenschaft
274 Zietemann, Dampfturbinen I
279 Jacob, Quellenkunde der deutschen Geschichte I
280 Jacob, – II
281 Leisegang, Einführung in die Philosophie
284 Jacob-Weden, Quellenkunde der deutschen Geschichte III
318/318a Schmidt, Industrielle Kraft- und Wärmewirtschaft
319 Krug, Australien und Ozeanien
329 Scharrer, Agrikulturchemie I
330/330a Scharrer, – II
335 Braun-Klug, Fette und Öle
336 Braun-Klug, Seifenfabrikation
342 Körting, Heizung und Lüftung I
343 Körting, – II
344 Moser, Musikästhetik
354/354a Valentiner, Vektoren
355 Neger-Münch, Nadelhölzer
356 Lüdemann, Fische
374 Döring, Einf. in die theoret. Physik IV
375 Preller, Geschichte Englands I
394/394a Schilling, Von der Renaissance bis Kant
414/414a Tafel, Hebezeuge I
422 Gottschald, Dt Personennamen
423 Adler, Fünfstell. Logarithmen
432 Borchers, Metallkunde I
433 Borchers, — II
439 Jaeckel, Würmer
440 Jaeckel, Weichtiere
441 Jaeckel, Stachelhäuter
442 Hannemann, Schwämme und Hohltiere
443 Gruner-Deckert, Krebse
444 Reichenow, Einzeller
445 Asmus, Physikal.-chemische Rechenaufgaben
452 Bahrdt-Scheer, Stöchiometrische Aufgabensammlung
469 Werkmeister, Vermessungskunde II
476 Thum-Meysenbug, Die Werkstoffe des Maschinenbaus I
483 Henglein, Lötrohrprobierkunde
492 Stolz-Debrunner, Geschichte der lateinischen Sprache
499 Niese, Autogen. Schweißen
500 Simmel, Hauptprobleme der Philosophie
521 Marcard-Beck, Dampfkessel II
536 Lehmann, Kant
538 Rumpf, Archäologie I
539 Rumpf, – II
557 Nestle, Griechische Literaturgeschichte II
561 Matthes, Werkzeugmaschinen I
562 Matthes, – II
564 Behn, Kultur der Urzeit I
565 Behn, – II
566 Behn, – III
571 Lehmann, Philosophie des 19. Jahrhunderts I
576/576a Moser, Gesangskunst
579 Müller-Schulze, Techn. Tabellen
580 Sedlaczek, Walzwerke I
581 Sedlaczek, — II
583/583a Engel, Maschinen der Eisenhüttenwerke
585 Dehnert, Verkehrswasserbau I
589 Tochtermann, Maschinenzeichnen I
590 Tochtermann, – II
594 Lengerken, Insekten
597 Dehnert, Verkehrswasserbau II
601 Mutschmann, Engl. Phonetik
619 Buchwald, Kristalloptik
665 Ludin, Wasserkraftanlagen I
668 Knopp, Funktionentheorie I
677 Altheim, Röm. Geschichte II
691 Fauser, Kulturtechn. Bodenverbesserungen I
692 Fauser, – II
698/698a Schulze, Allgemeine und physikalische Chemie II
703 Knopp, Funktionentheorie II
709 Lehmann, Philosophie des 19. Jahrhunderts II
711 Kesselring, Berechnung der Schaltgeräte
714/714a zur Megede, Einf. in die Technik selbsttät. Regelungen
715 Zietemann, Dampfturbinen II
716 Zietemann, – III
718 Neger-Münch, Laubhölzer
728/728a Pirani, Graph. Darstellung
735 Ekwall, Historische neuengl. Laut und Formenlehre
763/763a Beer-Meyer, Hebräische Grammatik I
764/764a Beer-Meyer, – II

768/768a Bieberbach, Einführung in die konforme Abbildung
780 Krahe, Germ. Sprachwiss. II
781 Weigert, Stilkunde II
786 Schulze, Allgem. und physikalische Chemie III
807 Kropp, Erkenntnistheorie I
809 Moser, Harmonielehre I
826 Koch, Philosophie des Mittelalters
827 Schwaiger, Elektromotorische Antriebe
831 Erismann, Allg. Psychologie
845 Lehmann, Philosophie im ersten Drittel des 20. Jahrhunderts
847 Herter, Lurche
851 Moede, Psychologie des Berufs- und Wirtschaftslebens
856 Quelle, Iberoamerika
857 Capelle, Griech. Philosophie I
858 Capelle, — II
859 Capelle, — III
862 Werkmeister, Vermessungskunde III
863 Capelle, Griech. Philosophie IV
875 Hofmann, Gesch. d. Math. II
877 Knopp, Aufgabensammlung zur Funktionstheorie I
878 Knopp, — II
881 Humburg, Gleichstrommaschine II
882 Hofmann, Gesch. d. Math. III
902 Müller, Dynamik I
903 Müller, — II
910 Jaeger, Afrika I
911 Jaeger, — II
915 Sperber-Fleischhauer, Gesch. der deutschen Sprache
917/917a Böhm, Versicherungsmathematik II
920 Hoheisel, Gewöhnliche Differentialgleichungen
921 Jantzen-Kolb, W. v. Eschenbach. Parzival
929 Schirmer, Dt. Wortkunde
930 Krull, Elementare und klassische Algebra I
931 Hasse, Höhere Algebra I
932 Hasse, — II
952 Schäfer, Transformatoren
953 Zipperer, Techn. Schwingungslehre I
961/961a Zipperer, — II
965 Dehnert, Wehr- und Stauanl.
970 Baldus-Löbell, Nichteuklid. Geometrie
972 Herter, Tierphysiologie I
973 Herter, — II
978 Kleinlogel, Baustoffverarb. u. Baustellenprüf. des Betons
984 Graf, Die wichtigsten Baustoffe des Hoch- u. Tiefbaus
999/999a Kamke, Mengenlehre
1000 Jaspers, Geistige Situation
1003 Hoheisel, Partielle Differentialgleichungen
1008 Mellerowicz, Allgemeine Betriebswirtschaftslehre I
1009 Bechert-Gerthsen, Atomphysik I
1014 Huttenlocher, Mineral- und Erzlagerstättenkunde I
1015/1015a Huttenlocher, — II
1017 Döring, Einf. i. d. theoret. Physik V
1020 Niese-Dienst, Elektr. Schweißverfahren
1031/1031a Apel, Philosophisches Wörterbuch
1033 Bechert-Gerthsen, Atomphysik II
1034 Kranefeldt, Therapeutische Psychologie
1035 Altheim, Röm. Religionsgeschichte I
1039 Dovifat, Zeitungslehre I
1040 Dovifat, — II
1044 Tölke, Talsperren
1045 Schubert, Technik des Klavierspiels
1051/1051a Stolberg-Wernigerode, Gesch. der Verein. Staaten von Amerika
1052 Altheim, Röm. Religionsgeschichte II
1057 Roth, Thermochemie
1059 Hoheisel, Aufgabensammlung zu den gewöhnl. und partiellen Differentialgleichungen
1061 Grodzinski, Getriebelehre I
1065 Haller, Von den Karolingern zu den Staufern
1070 Sauter, Differentialgleichungen der Physik
1078 Troche, Stahlbetonbau
1082 Hasse-Klobe, Aufgabensamml. zur Höheren Algebra
1084 Nußelt, Technische Thermodynamik I
1085 Lietzmann, Zeitrechnung
1086 Müller, Dt. Dichten u. Denken

1088 Preller, Geschichte Englands II
1092 Wickop, Fenster, Türen, Tore
1094 Hernried, System. Modulation
1099 Hoheisel, Integralgleichungen
1105 Hartung, Dt. Geschichte im Zeitalter der Reformation
1108 de Boor-Wisniewski, Mittelhochdeutsche Grammatik
1109 Knopp, Elemente der Funktionentheorie
1111 Naumann-Betz, Althochdeutsches Elementarbuch
1113/1113a Strubecker, Differentialgeometrie I
1114 Schubel, Englische Literaturgeschichte I
1115 Ranke, Altnord. Elementarbuch
1116 Schubel, Englische Literaturgeschichte II
1117 Haller, Eintritt der Germanen in die Geschichte
1121 Naumann, Dt. Dichten und Denken
1122 Feist, Sprechen u. Sprachpflege
1123/1123a Bechert-Gerthsen, Atomphysik III
1124 Meissner, Englische Literaturgeschichte III
1125 Lehnert, Altengl. Elementarbuch
1127 Hartmann, Geschlecht und Geschlechtsbestimmung im Tier- und Pflanzenreich
1128 Buchner, Symbiose der Tiere mit pflanzl. Mikroorganismen
1130 Dibelius, Jesus
1131 Scholz-Schoeneberg, Einführung in die Zahlentheorie
1132 Frühauf, Überspannungen und Überspannungsschutz
1134 Kuckuck, Pflanzenzüchtung I
1135 Lehnert, Beowulf
1136 Meissner, Englische Literaturgeschichte IV
1137 Heil, Entwicklungsgeschichte des Pflanzenreichs
1138 Hämmerling, Fortpflanzung im Tier- und Pflanzenreich
1140 Unger, Induktionsmaschinen
1141 Koller, Hormone
1142 Meissner-Lehnert, Shakespeare
1144 Gehler-Herberg, Festigkeitslehre I
1145/1145a Herberg-Dimitrov, - II
1146 Humburg, Synchrone Maschine
1147 v. Waltershausen, Kunst des Dirigierens
1148 Pepping, Der polyphone Satz I
1151 Nußelt, Technische Thermodynamik II
1152 Dehnert, Verkehrswasserbau III
1153 Mellerowicz, Allgem. Betriebswirtschaftslehre II
1154 Mellerowicz, — III
1155 Schwartz, Mikrobiologie I
1156/1156a Meinke, Komplexe Berechn. der Wechselstromschaltungen
1157 Schwartz, Mikrobiologie II
1158 Mayrhofer, Sanskrit-Grammatik
1159 Jungbluth, Gießereitechnik I
1160 Dibelius-Kümmel, Paulus
1161 Kaestner, Spinnentiere
1162 Seidel, Entwicklungsphysiolog. der Tiere I
1163 Seidel, — II
1164/1164a Pepping, Der polyphone Satz II
1165/1165a Bechert-Gerthsen, Atomphysik IV
1169 Paulsen, Allgemeine Volkswirtschaftslehre I
1170 Paulsen, — II
1178/1178a Kuckuck, Pflanzenzüchtung II
1179/1179a Strubecker, Diff. Geometrie II
1180/1180a Strubecker, — III

AUTORENREGISTER

FSC
www.fsc.org
MIX
Papier | Fördert gute Waldnutzung
FSC® C083411

Kolibri 360 GmbH
Ferdinand-Jühlke-Straße 7
99095 Erfurt, Deutschland
produktsicherheit@kolibri360.de